图解混凝土工程施工
细部做法 100 讲

主编　于林平　王志云

哈尔滨工业大学出版社

内 容 简 介

本书以现行国家标准、行业规范为依据,详细介绍了混凝土工程施工细部做法,主要包括钢筋工程施工细部做法、模板工程施工细部做法、预应力工程施工细部做法、混凝土分项工程施工细部做法、装配式结构工程施工细部做法等内容。

本书可供从事混凝土结构施工的技术人员参考使用,也可供高等学校的教师、研究生和本科生作为教学参考书使用。

图书在版编目(CIP)数据

图解混凝土工程施工细部做法 100 讲/于林平
主编. —哈尔滨:哈尔滨工业大学出版社,2016.11
ISBN 978 - 7 - 5603 - 5793 - 5

Ⅰ.①图… Ⅱ.①于… Ⅲ.①混凝土施工-图解
Ⅳ.①TU755-64

中国版本图书馆 CIP 数据核字(2016)第 003955 号

策划编辑 郝庆多
责任编辑 王桂芝 段余男
出版发行 哈尔滨工业大学出版社
社 址 哈尔滨市南岗区复华四道街 10 号 邮编 150006
传 真 0451 - 86414749
网 址 http://hitpress.hit.edu.cn
印 刷 哈尔滨工业大学印刷厂
开 本 787mm×1092mm 1/16 印张 13.25 字数 350 千字
版 次 2016 年 11 月第 1 版 2016 年 11 月第 1 次印刷
书 号 ISBN 978 - 7 - 5603 - 5793 - 5
定 价 35.00 元

编　委　会

前　言

　　混凝土是土木结构施工工程的重要结构材料。混凝土结构在建筑结构工程中占有重要份额,其用途几乎覆盖建筑业的所有领域。混凝土结构工程施工量大、施工面广,施工产品大多呈现出单一性、特殊性、不重复性,技术比较复杂,施工周期长。需要完成钢筋工程、模板工程、混凝土工程等一系列工程任务,涉及施工技术、施工工艺、材料、结构与构造、工程计量与计价、力学、安全与环保、工程识图、工程经济等方面的知识。

　　本书简单实用,更容易被建筑工程施工操作人员理解与掌握,我们针对建筑工程施工过程中所涉及的关键技术进行了相应的总结,并以图表和文字相结合的形式突出了建筑施工技术的重点。本书格局简约,要点明了,便于施工技术人员快速了解、掌握建筑施工技术的核心,易懂、易学、方便应用,可促进施工人员严格执行工程建设程序,坚持合理的施工程序、施工顺序和工艺,使建筑工程符合设计要求,同时满足材料、机具、人员等要求。

　　由于编者的经验和学识有限,尽管尽心尽力编写,但内容难免有疏漏、错误之处,敬请广大专家、学者批评指正。

编　者

2016.01

目　录

1 钢筋工程施工细部做法

1.1 钢筋加工

第1讲 钢筋除锈

（1）钢筋表面上的油渍、漆污以及锤击能剥落的浮皮、铁锈应清除干净,带有颗粒状或片状老锈的钢筋不得使用。在焊接之前,焊点处的水锈应清除干净。

（2）对大量的钢筋除锈,可借助钢筋冷拉或钢筋调直机调直过程完成;少量的钢筋除锈可采用电动除锈机或喷砂方法;钢筋局部除锈可以采取人工用钢丝刷或砂轮等方法进行。也可将钢筋通过砂箱往返搓动除锈。

（3）电动除锈机多为自制,圆盘钢丝刷有成品供应（也可以用废钢丝绳头拆开编成）,直径 200 ~ 300 mm,厚 50 ~ 100 mm,转速 1 000 r/min,电动机功率 1.0 ~ 1.5 kW,上设排尘罩及排尘管道。电动除锈机如图 1.1 所示。

（4）如除锈后钢筋表面有严重的麻坑及斑点等已伤蚀截面时,应降级使用或者剔除不用,不得使用带有蜂窝状锈迹的钢丝。

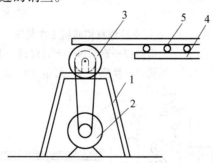

图 1.1　电动除锈机
1—支架;2—电动机;3—圆盘钢丝刷;
4—滚轴台;5—钢筋

第2讲 钢筋调直

（1）对局部曲折、弯曲或者成盘的钢筋应进行调直。

（2）钢筋调直普遍使用慢速卷扬机拉直,如图 1.2 所示,也可用调直机调直,如图 1.3 所示,常用钢筋调直机型号及技术性能,见表 1.1、图 1.4。在缺乏调直设备时,粗钢筋可采用弯曲机、平直锤或卡盘、扳手锤击矫直;细钢筋可以用绞磨拉直或者用导轮、蛇形管调直装置来调直,如图 1.5 所示。

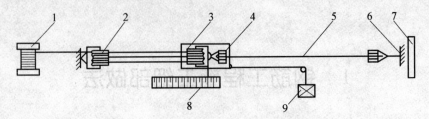

图 1.2　卷扬机拉直设备

1—卷扬机；2—滑轮组；3—冷拉小车；4—钢筋夹具；
5—钢筋；6—地锚；7—防护壁；8—标尺；9—荷重架

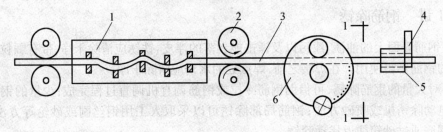

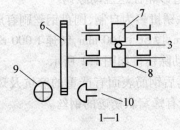

图 1.3　数控钢筋调直切断机工作简图

1—调直装置；2—牵引轮；3—钢筋；4—上刀口；5—下刀口；
6—光电盘；7—压轮；8—摩擦轮；9—灯泡；10—光电管

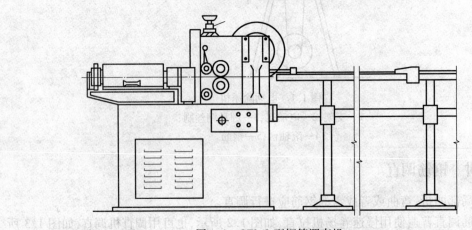

图 1.4　GT3/8 型钢筋调直机

表 1.1　钢筋调直切断机主要技术性能

参数名称	型号			
	GT1.6/4	GT3/8	GT6/12	GTS3/8
调直切断钢筋直径/mm	1.6～4	3～8	6～12	3～8
钢筋抗拉强度/MPa	650	650	650	650
切断长度/mm	300～3 000	300～6 500	300～6 500	300～6 500
切断长度误差/(mm·m⁻¹)	≤3	≤3	≤3	≤3
牵引速度/(m·min⁻¹)	40	40、65	36、54、72	30
调直筒转速/(r·min⁻¹)	2 900	2 900	2 800	1 430
送料、牵引辊直径/mm	80	90	102	
电机型号：调直	Y100L-2	Y132M-4	Y132S-2	J02-31-4
牵引	Y100L-6		Y112M-4	
切断		Y90S-6	Y90S-4	J02-31-4
功率：调直/kW	3	7.5	7.5	2.2
牵引/kW	1.5		4	
切断/kW		0.75	1.1	2.2
外形尺寸：长/mm	3 410	1 854	1 770	
宽/mm	730	741	535	
高/mm	1 375	1 400	1 457	
整机重量/kg	1 000	1 280	1 263	

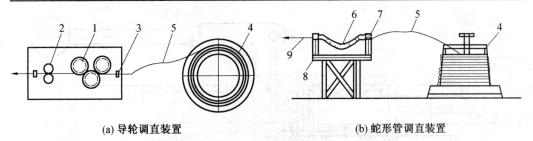

(a) 导轮调直装置　　　　　　(b) 蛇形管调直装置

图 1.5　导轮和蛇形管调直装置

1—辊轮；2—导轮；3—旧拔丝模；4—盘条架；

5—细钢筋或钢丝；6—蛇形管；7—旧滚珠轴承；8—支架；9—人力牵引

（3）采用钢筋调直机调直冷拔低碳钢丝和细钢筋时要依据钢筋的直径选用调直模和传送辊，并且要恰当掌握调直模的偏移量和压辊的压紧程度。

（4）用卷扬机拉直钢筋时，应注意控制冷拉率 HPB300 级钢筋不宜大于 4%；HRB335、HRB400、HRB500、HRBF335、HRBF400、HRBF500 和 RRB400 级钢筋冷拉率，不宜大于 1%。用调直机调直钢丝和用锤击法平直粗钢筋时，表面伤痕不应使截面积减少 5% 以上。

（5）调直后的钢筋应平直，无局部曲折；冷拔低碳钢丝表面不得有明显擦伤。应当注意：冷拔低碳钢丝经调直机调直后，其抗拉强度通常要降低 10%～15%，使用前要加强检查，按调直后的抗拉强度选用。

（6）已调直的钢筋应按牌号、直径、长短以及根数分扎成若干小扎，分区整齐地堆放。

第3讲　钢筋切断

(1)机具设备。切断机分机械式切断(图1.6)与液压式切断(图1.7)两种。前者为固定式,能切断 φ40 mm 钢筋;后者为移动式,方便于现场流动使用,能切断 φ32 mm 以下钢筋,常用两种钢筋切断机的技术性能见表1.2、1.3。在缺乏设备时,可以用断丝钳(剪断钢丝)、克丝钳子(切断 φ6~32 mm 钢筋)及手动液压切断器(切断不大于 φ16 mm钢筋)切断钢筋;对 φ40 mm 以上钢筋用氧乙炔焰割断。

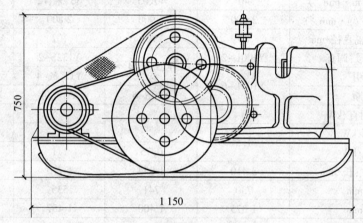

图1.6　GQ40型钢筋切断机

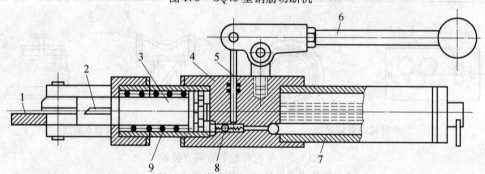

图1.7　手动液压切断器

1—滑轨;2—刀片;3—活塞;4—缸体;5—柱塞;6—压杆;
7—贮油筒;8—吸油阀;9—回位弹簧

表1.2　机械式钢筋切断机主要技术性能

参数名称	型号				
	GQL40	GQ40	GQ40A	GQ40B	GQ50
切断钢筋直径/mm	6~40	6~40	6~40	6~40	6~40
切断次数/(次·min⁻¹)	38	40	40	40	30
电动机型号	Y100L2-4	Y100L-2	Y100L-2	Y100L-2	Y132S-4
功率/kW	3	3	3	3	5.5
转速/(r·min⁻¹)	1 420	2 880	2 880	2 880	1 450
外形尺寸长/mm	685	1 150	1 395	1 200	1 600

续表1.2

参数名称	型号				
	GQL40	GQ40	GQ40A	GQ40B	GQ50
宽/mm	575	430	556	490	695
高/mm	984	750	780	570	915
整机重量/kg	650	600	720	450	950
传动原理及特点	偏心轴	开式、插销离合器曲柄	凸轮、滑键离合器	全封闭曲柄连杆转键离合器	曲柄连杆传动半开式

表1.3　液压传动及手持式钢筋切断机主要技术性能

参数名称	形式与型号			
	电动	手动	手持	
	DYJ-32	SYJ-16	GQ-12	GQ-20
切断钢筋直径 d/mm	8~32	16	6~12	6~20
工作总压力/kN	320	80	100	150
活塞直径 d/mm	95	36		
最大行程/mm	28	30		
液压泵柱塞直径 d/mm	12	8		
单位工作压力/MPa	45.5	79	34	34
液压泵输油率/(L·min^{-1})	4.5			
压杆长度/mm	438			
压杆作用力/N	220			
贮油量/kg	35			
电动机	型号 Y 型		单相串激	单相串激
	功率/kW 3		0.567	0.570
	转数/(r·min^{-1}) 1 440			
外形尺寸	长/mm 889	680	367	420
	宽/mm 396		110	218
	高/mm 398		185	130
总重/kg	145	6.5	7.5	14

(2)工艺要点。

①钢筋成型前,应根据配料表要求长度截断,通常用钢筋切断机进行。

②钢筋切断应合理统筹配料,把相同规格钢筋根据不同长短搭配,统筹排料;一般先断长料,后断短料,以减少短头、接头以及损耗。避免用短尺量长料,以防止产生累积误差;应在工作台上标出尺寸刻度并设置控制断料尺寸用的挡板。切断过程中若发现劈裂、缩头或严重的弯头等必须切除。

③向切断机送料时,应将钢筋摆直,避免弯成弧形。操作者应握紧钢筋,并应在冲切刀片向后退时送进钢筋;切断长 300 mm 以下钢筋时,应将钢筋套在钢管内送料,避免发生人身或设备安全事故。

④操作中,如发现钢筋硬度异常过软或过硬,与钢筋牌号不相称时,应考虑对该批钢筋进一步检验。

⑤切断后的钢筋断口不得有马蹄形或者起弯等现象;钢筋长度偏差应小于±10 mm。

第4讲　钢筋弯曲、成型

（1）一般规定。

①受力钢筋。

a. HPB300级钢筋末端应做180°弯钩,其弯弧内直径不应小于钢筋直径的2.5倍,弯弯后平直部分长度不应小于钢筋直径的3倍。如图1.8所示。

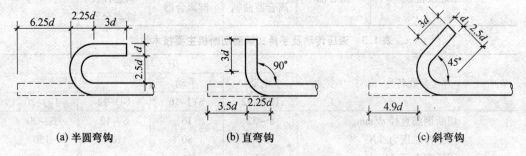

(a) 半圆弯钩　　　　　(b) 直弯钩　　　　　(c) 斜弯钩

图1.8　钢筋弯钩计算简图

b. 当设计要求钢筋末端需做135°弯钩时,如图1.9(b)所示,HRB335级、HRB400级钢筋的弯弧内直径D不应小于钢筋直径的4倍,弯钩的弯后平直部分长度应符合设计要求;

c. 钢筋做不大于90°的弯折时,如图1.9(a)所示,弯折处的弯弧内直径不应小于钢筋直径的5倍。

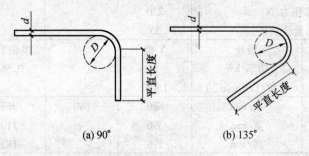

(a) 90°　　　　　　　(b) 135°

图1.9　受力钢筋弯折

②箍筋。除焊接封闭环式箍筋外,箍筋的末端应做弯钩。弯钩形式应符合设计要求;当设计无具体要求时,应符合以下规定:

a. 箍筋弯钩的弯弧内直径除应满足图1.8外,尚应不小于受力钢筋的直径。

b. 箍筋弯钩的弯折角度:对一般结构,不应小于90°;对有抗震等要求的结构应为135°,如图1.10所示。

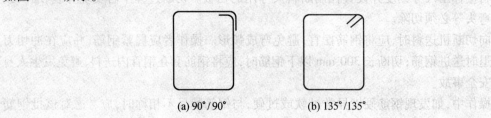

(a) 90°/90°　　　　　　　(b) 135°/135°

图1.10　箍筋示意

c.箍筋弯后的平直部分长度:对一般结构,不宜小于箍筋直径的5倍;对有抗震等要求的结构,不应小于箍筋直径的10倍。

(2)机具设备。常用弯曲机、弯箍机型号及技术性能如图1.11与表1.4、表1.5。在缺乏设备或少量钢加工时,可以用手工弯曲成型。手工弯曲采用手摇扳手在成型台上进行,手摇扳手的主要尺寸见表1.6、表1.7,每次弯4~8根φ8~10 mm以下细钢筋,或用卡盘及扳手,可弯曲φ12~32 mm钢筋,当弯曲直径φ28 mm以下钢筋时,可以用两个板柱加不同厚度钢套。钢筋扳手口直径应比钢筋大2 mm。

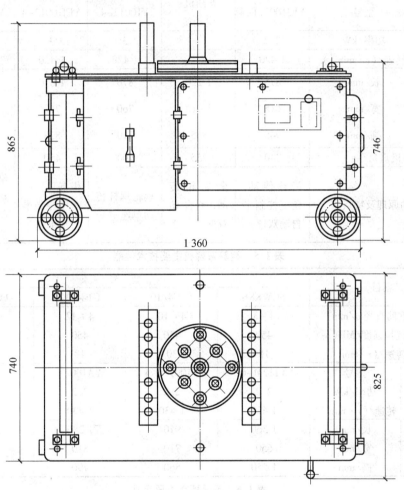

图1.11　GW40型钢筋弯曲机

表1.4　钢筋弯曲机主要技术性能

参数名称		型　号				
		GW32	GW32A	GW40	GW40A	GW50
弯曲钢筋直径 d/mm		6～32	6～32	6～40	6～40	25～50
钢筋抗拉强度/MPa		450	450	450	450	450
弯曲速度/(r·min^{-1})		10/20	8.8/16.7	5	9	2.5
工作盘直径 d/mm		360		350	350	320
电动机	型号	YEJ1001.1-4	柴油机、电动机	Y10012-4	YEJ10012-4	Y112MF-4
	功率/kW	2.2	4	3	3	4
	转速/(r·min^{-1})	1 420		1 420	1 420	1 420
外形尺寸	长/mm	875	1 220	870	1 050	1 450
	宽/mm	615	1 010	760	760	800
	高/mm	945	865	710	828	760
整机重量/kg		340	755	400	450	580
结构原理及特点		齿轮传动,角度控制半自动双速	全齿轮传动,半自动双速	蜗轮蜗杆传动单速	齿轮传动,角度控制半自动单速	蜗轮蜗杆传动,角度控制半自动单速

表1.5　钢筋弯箍机主要技术性能

项目		型　号			
		SGWK8B	GJG4/10	GJG4/12	LGW60Z
弯曲钢筋直径 d/mm		4～8	4～10	4～12	4～10
钢筋抗拉强度/MPa		450	450	450	450
工作盘转速/(r·min^{-1})		18	30	18	22
电动机	型号	Y112M-6	Y1001.1-4	YA100-4	3
	功率/kW	2.2	2.2	2.2	
	转速/(r·min^{-1})	1 420	1 430	1 420	
外形尺寸	长/mm	1 560	910	1 280	2 000
	宽/mm	650	710	810	950
	高/mm	1 550	860	790	950

表1.6　手摇扳手主要尺寸　　　　　　　　　　　　　　　　　单位:mm

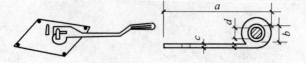

项　次	钢筋直径	a	b	c	d
1	$\phi6$	500	18	16	16
2	$\phi8$～10	600	22	18	20

表 1.7 卡盘与扳头(横口扳手)主要尺寸 单位:mm

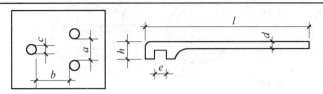

项 次	钢筋直径	卡 盘			扳 头			
		a	b	c	d	e	h	l
1	$\phi12\sim16$	50	80	20	22	18	40	1 200
2	$\phi18\sim22$	65	90	25	28	24	50	1 350
	$\phi25\sim32$	80	100	30	38	34	76	2 100

(3)工艺要点。

①画线。钢筋弯曲前,对于形状复杂的钢筋(如弯起钢筋),根据钢筋料牌上标明的尺寸,用石笔画出各弯曲点位置。画线时应注意:

a. 依据不同的弯曲角度扣除弯曲调整值,其扣法为从相邻两段长度中各扣一半;

b. 钢筋端部带半圆弯钩时,此段长度画线时增加 $0.5d$(d 为钢筋直径);

c. 画线工作宜由钢筋中线开始向两边进行;两边不对称的钢筋,也可以从钢筋一端开始画线,如画至另一端有出入时,则应重新调整;

d. 画线应在工作台上进行,若无画线台而直接以尺度量进行画线时,应使用长度适当的木尺,不宜用短尺(木折尺)接量,以避免发生差错。

②钢筋弯曲成型。钢筋在弯曲机上成型时(图 1.12),心轴直径应为钢筋直径的 2.5~5.0 倍,成型轴宜加偏心轴套,以便于适应不同直径的钢筋弯曲需要。弯曲细钢筋时,为了使弯弧一侧的钢筋保持平直,挡铁轴宜做成可变挡架或者固定挡架(加铁板调整)。

钢筋弯曲点线与心轴的关系,如图 1.13 所示。由于成型轴和心轴在同时转动,就会带动钢筋向前滑移。所以,钢筋弯 90°时,弯曲点线约与心轴内边缘齐;弯 180°时,弯曲点线距心轴内边缘距离为 $1.0d\sim1.5d$(钢筋硬时取大值)。

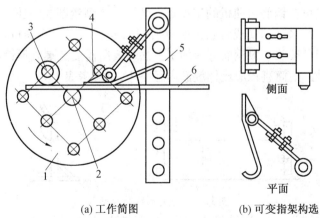

(a)工作简图　　　　(b)可变指架构选

图 1.12 钢筋弯曲成型

1—工作盘;2—心轴;3—成型轴;4—可变挡架;5—插座;6—钢筋

第 1 根钢筋弯曲成型后与配料表进行复核,满足要求后再成批加工;对于复杂的弯曲钢

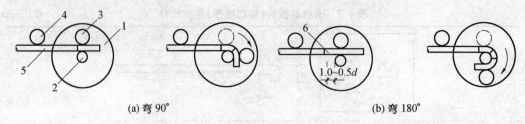

(a) 弯90°　　　　　　　　　　　　　(b) 弯180°

图 1.13　弯曲点线与心轴关系

1—工作盘;2—心轴;3—成型轴;4—固定挡铁;5—钢筋;6—弯曲点线

筋,如预制柱牛腿及屋架节点等宜先弯 1 根,经过试组装后,方可成批弯制。

③曲线形钢筋成型。弯制曲线形钢筋时,如图 1.14 所示,可在原有钢筋弯曲机的工作盘中央,放置一个十字架和钢套;另外在工作盘四个孔内插上短轴和成型钢套(与中央钢套相切)。插座板上的挡轴钢套尺寸,可以根据钢筋曲线形状选用。钢筋成型过程中,成型钢套起顶弯作用,十字架只协助推进。

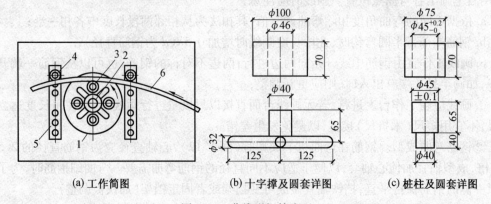

(a) 工作简图　　　　　(b) 十字撑及圆套详图　　　　(c) 桩柱及圆套详图

图 1.14　曲线形钢筋成型

1—工作盘;2—十字撑及圆套;3—桩柱及圆套;4—挡轴圆套;5—插座板;6—钢筋

④螺旋形钢筋成型。小直径螺旋形钢筋可以用手摇滚筒成型,如图 1.15 所示,较粗(φ16 ~ 30 mm)钢筋可在钢筋弯曲机的工作盘上装设一个型钢制成的加工圆盘(图1.16),圆盘外直径相当于需加工螺旋筋(或者圆箍筋)的内径,插孔相当于弯曲机板柱间距。使用时将钢筋一端固定,即可按照一般钢筋弯曲加工方法弯成所需要的螺旋形钢筋。

因为钢筋有弹性,滚筒直径应比螺旋筋内径略小,可参考表1.8。

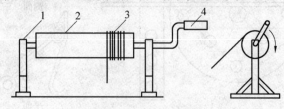

图 1.15　螺旋形钢筋成型

1—支架;2—卷筒;3—钢筋;4—摇把

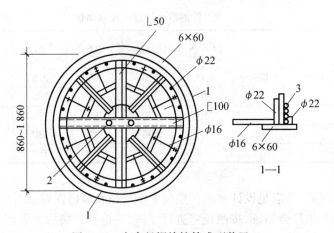

图 1.16 大直径螺旋箍筋成型装置
1—加工圆盘;2—板柱插孔,间距 250 mm;3—螺旋箍筋

表 1.8 滚筒直径与螺旋筋直径关系

螺旋筋内径	$\phi 6$	288	360	418	485	575	630	700	760	845	—	—
/mm	$\phi 8$	270	325	390	440	500	565	640	690	765	820	885
滚筒外径/mm		260	310	365	410	460	510	555	600	660	710	760

⑤注意事项。

a. 钢筋弯曲均应在常温下进行,不允许把钢筋加热后弯曲。

b. 成型后的钢筋要求形状正确,平面上无凹凸、翘曲不平现象,弯曲点处没有裂缝,对 HRB335 级及 HRB335 级以上的钢筋,不可反复弯曲。

1.2 钢筋绑扎

第 5 讲 基础钢筋绑扎

(1)施工准备。

①技术准备。

a. 熟悉图纸及钢筋下料完成。

b. 在垫层上弹出钢筋位置线。

c. 做好技术交底。

②材料要求。

a. 工程所用钢筋种类、规格必须满足设计要求,并检验合格。

b. 钢筋半成品符合设计及规范要求。

c. 钢筋绑扎用的铁丝(镀锌铁丝)可以采用 20~22 号铁丝,其中 22 号铁丝只用于绑扎直径 12 mm 以下的钢筋。钢筋绑扎铁丝长度参考表 1.9。

表1.9　钢筋绑扎铁丝长度参考值　　　　　　　　　　单位:mm

钢筋直径/mm	6～8	10～12	14～16	18～20	22	25	28	32
6～8	150	170	190	220	250	270	290	320
10～12		190	220	250	270	290	310	340
14～16			250	270	290	310	330	360
18～20				290	310	330	350	380
22					330	350	370	400

③作业条件。

a. 基础垫层完成,并满足设计要求。垫层上钢筋位置线已弹好。

b. 检查钢筋的出厂合格证,按照规定进行复试,并检验合格后方能使用。钢筋无老锈及油污,成型钢筋经现场检查合格。

c. 钢筋应按照现场施工平面布置图中指定位置堆放,钢筋外表面如有铁锈时,应在绑扎之前清除干净,锈蚀严重的钢筋不得使用。

d. 绑扎钢筋地点已清理干净。

(2)关键要求。

①材料要求。施工现场所用材料的材质、规格应与设计图纸相一致,材料代用应征得设计及监理建设方的同意。

②技术要求。基础钢筋的绑扎一定要牢固,脱扣及松扣数量不得超过规范要求;钢筋绑前要先弹出钢筋位置线,保证钢筋位置准确。

③质量要求。

a. 施工中要保证钢筋保护层厚度准确,如果采用双排筋时要保证上下两排筋的距离。

b. 钢筋的接头位置和接头面积百分率应符合设计及施工规范要求。

c. 钢筋的布放位置要准确,绑扎要牢固。

(3)施工工艺。

①工艺流程。工艺流程如图1.17所示。

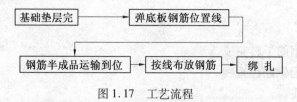

图1.17　工艺流程

②操作工艺。

a. 将基础垫层清扫干净,用石笔及墨斗在上面弹放钢筋位置线。

b. 按钢筋位置线布放基础钢筋。

c. 绑扎钢筋:四周两行钢筋交叉点应每点绑扎牢。中间部分交叉点可以相隔交错扎牢,但必须保证受力钢筋不位移。双向主筋的钢筋网,则需扎牢全部钢筋相交点。相邻绑扎点的钢丝扣成八字形,防止网片歪斜变形。

d. 基础底板采用双层钢筋网时,在上层钢筋网下面应设置钢筋撑脚或者混凝土撑脚,以确保钢筋位置正确,钢筋撑脚应垫在下片钢筋网上,如图1.18所示。

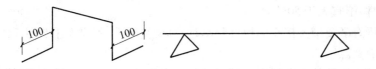

图1.18 钢筋撑脚图

钢筋撑脚的形式及尺寸如图1.18(a)、图1.18(b)所示。图1.18(a)所示类型撑脚每隔1 m放置1个,其直径选用:当板厚$h \leqslant 300$ mm时为8~10 mm;当板厚$h = 300 \sim 500$ mm时为12~14 mm。当板厚$h > 500$ mm时选用图1.18(b)所示撑脚,钢筋直径为16~18 mm。沿短向通长布置,间距以能确保钢筋位置为准。

e.应使钢筋的弯钩朝上,不要倒向一边;双层钢筋网的上层钢筋弯钩应朝下。

f.独立柱基础为双向弯曲,其底面短向的钢筋应置于长向钢筋的上面。

g.现浇柱与基础连用的插筋,其箍筋应比柱的箍筋小一个柱筋直径,以便于连接。箍筋的位置一定要绑扎固定牢靠,以免导致柱轴线偏移。

h.基础中纵向受力钢筋的混凝土保护层厚度不应小于40 mm,当没有整层时不应小于70 mm。

i.钢筋的连接:

ⅰ.受力钢筋的接头宜设置在受力较小处;有抗震设防要求的结构中,梁端、柱端箍筋加密区范围内不宜设置钢筋接头,且不应进行钢筋搭接。同一纵向受力钢筋不宜设置两个或两个以上接头。接头末端至钢筋弯起点的距离不应小于钢筋直径的10倍。

ⅱ.当纵向受力钢筋采用机械连接接头或焊接接头时,接头的设置应符合下列规定:

同一构件内的接头宜分批错开。接头连接区段内的长度为35倍d(d为相互连接两根钢筋的较小直径)且不小于500 mm,凡接头中点位于该连接区段长度内的接头均属于同一连接区段。同一连接区段内,纵向受力钢筋的接头面积百分率为该区段内有接头的纵向受力钢筋截面面积与全部纵向受力钢筋截面面积的比值。

纵向受力钢筋的接头面积百分率,应符合下列规定:

受拉接头不宜大于50%;受压接头,可不受限制。

墙、板、柱中受拉机械连接接头,可根据实际情况放宽;装配式混凝土结构构件连接处受拉接头,可根据实际情况放宽。

直接承受动力荷载的结构构件中,不宜采用焊接;当采用机械连接接头时,不应大于50%。

ⅲ.同一构件中相邻纵向受力钢筋的绑扎搭接接头宜相互错开。绑扎搭接接头中钢筋的横向净距不应小于钢筋直径,且不应小于25 mm。

钢筋绑扎搭接接头连接区段的长度为$1.3l_1$(l_1为搭接长度),凡搭接接头中点位于该长度内的搭接接头均属于同一连接区段。搭接长度可取相互连接两根钢筋中较小直径计算。纵向受力钢筋的最小搭接长度应符合《混凝土结构工施工规范》(GB50666—2011)附录C的规定同一连接区段内,纵向钢筋搭接接头面积百分率为该区段内有搭接接头的纵向受力钢筋截面面积与全部纵向受力钢筋截面面积的比值。纵向受压钢筋搭接接头面积百分率可不受限制;纵向受接钢筋接头面积百分率应符合下列规定:

对梁类、板类及墙类构件,不宜超过25%;基础筏极,不宜超过50%。

对柱类构件,不宜大于50%。

当工程中确有必要增大接头面积百分率时,对梁类构件,不应大于50%;对其他构件,可根据实际情况放宽。

ⅳ. 在梁、柱类构件的纵向受力钢筋搭接长度范围内,应按设计要求配置箍筋。当设计无具体要求时,应符合下列规定:

箍筋直径不应小于搭接钢筋较大直径的0.25倍;

受拉搭接区段的箍筋间距不应大于搭接钢筋较小直径的5倍,且不应大于100 mm。

受压搭接区段的箍筋间距不应大于搭接钢筋较小直径的10倍,且不应大于200 mm。

当柱中纵向受力钢筋直径大于25 mm时,应在搭接接头两个端面外100 mm范围内各设置两个箍筋,其间距宜为50 mm。

j. 基础钢筋的规定:

ⅰ. 若条形基础的宽度$B \geqslant 1\ 600$ mm,横向受力钢筋的长度可减至$0.9B$,交错布置;

ⅱ. 若单独基础的边长$B \geqslant 3\ 000$ mm(除基础支撑在桩上外),受力钢筋的长度可减至$0.9B$交错布置。

k. 基础浇筑完毕之后,把基础上预留墙柱插筋扶正理顺,保证插筋位置准确。

l. 承台钢筋绑扎前,一定要确保桩基伸出钢筋到承台的锚固长度。

第6讲　现浇框架结构钢筋绑扎

(1)基本要求。

①当钢筋的品种、级别或规格需作变更时,应办理设计变更文件。

②在浇筑混凝土之前,应进行钢筋隐蔽工程验收,其内容包括:

a. 纵向受力钢筋的品种、规格、数量、位置等。

b. 钢筋的连接方式、接头位置、接头数量、接头面积百分率等。

c. 箍筋、横向钢筋的品种、规格、数量、间距等。

d. 预埋钢筋的规格、数量、位置等。

③纵向受力钢筋的最小锚固和搭接长度。

a. 普通受拉负筋的锚固长度:

$$l_a = \alpha \frac{f_y}{f_t} d \tag{1.1}$$

式中　α——钢筋的外形系数,光面钢筋$\alpha = 0.16$,带肋钢筋$\alpha = 0.14$;

f_y——普通筋的抗拉强度设计值;

f_t——混凝土轴心抗拉强度设计值,当混凝土强度等级高于C40时,按C40取值;

d——钢筋的公称直径。

b. 纵向受拉钢筋的搭接长度:

$$L_L = \zeta l_a \geqslant 300 \text{ mm} \tag{1.2}$$

式中　ζ——纵向受拉钢筋搭接长度修正系数,当纵向钢筋搭接接头面积百分率是25%时,$\zeta = 1.2$;为50%时$\zeta = 1.4$;为100%时,$\zeta = 1.6$。

受压钢筋的搭接长度为受拉的0.7倍,且$\geqslant 200$ mm。

c. 纵向受拉钢筋最小锚固长度(L_a)与最小搭接长(L_L),应符合表1.10的要求。

表 1.10 钢筋的最小锚固长度 L_a 和最小搭接长度 L_L

混凝土强度等级	HPB235（φ）$f_y=210$ $\alpha f_y=0.16\times210=33.6$				HRB335（Φ）$f_y=300$ $\alpha f_y=0.14\times300=42.0$				HRB400（Φ）$f_y=360$ $\alpha f_y=0.14\times360=50.4$			
	L_a	L_L			L_a	L_L			L_a	L_L		
		25% $\zeta=1.2$	50% $\zeta=1.4$	100% $\zeta=1.6$		25% $\zeta=1.2$	50% $\zeta=1.4$	100% $\zeta=1.6$		25% $\zeta=1.2$	50% $\zeta=1.4$	100% $\zeta=1.6$
C20 $f_t=1.10$	$31d$	$37d$	$43d$	$49d$	$39d$	$46d$	$54d$	$62d$	$46d$	$55d$	$65d$	$74d$
C25 $f_t=1.27$	$27d$	$32d$	$38d$	$43d$	$34d$	$40d$	$47d$	$53d$	$40d$	$48d$	$56d$	$64d$
C30 $f_t=1.43$	$24d$	$29d$	$33d$	$38d$	$30d$	$36d$	$42d$	$47d$	$36d$	$43d$	$50d$	$57d$
C35 $f_t=1.57$	$22d$	$26d$	$30d$	$35d$	$27d$	$33d$	$38d$	$43d$	$33d$	$39d$	$45d$	$52d$
>C40 $f_t=1.71$	$20d$	$24d$	$28d$	$32d$	$25d$	$30d$	$35d$	$40d$	$30d$	$36d$	$42d$	$48d$

ⅰ.当带肋钢筋的直径大于 25 mm 时,其最小搭接长度(L_L)应按表 1.10 中相应数值乘以系数 1.1 取用。

ⅱ.对环氧树脂涂层的带肋钢筋,其最小搭接长度(L_L)应按表 1.10 中相应数值乘以系数 1.25 取用。

ⅲ.当在混凝土凝固过程受力钢筋易受扰动时(如滑模施工),其最小搭接长度(L_L)应按表 1.10 中相应数值乘以系数 1.1 取用。

ⅳ.对末端采用机械锚固措施的带肋钢筋,其最小搭接长度(L_L)应按表 1.10 中相应数值乘以系数 0.7 取用。

④当带肋钢筋的混凝土保护层厚度大于搭接钢筋直径 3 倍且配有箍筋时,其最小搭接长度(L_L)应按表 1.10 中相应数值乘以系数 0.8 取用。

⑤对抗震设防要求的结构构件,其受力钢筋的最小搭接长度(L_L):一、二级抗震等级应按表 1.10 中相应数值乘以系数 1.15 取用,三级抗震等级应按表 1.10 中相应数值乘以系数 1.05 取用。

(2)施工准备。

①技术准备。

a.准备工程所需的图纸、规范以及标准等技术资料,并确定其是否有效。

b.按图纸和操作工艺标准向施工人员进行安全及技术交底,对钢筋绑扎安装顺序予以明确规定:

ⅰ.钢筋的翻样、加工;

ⅱ.钢筋的验收;

ⅲ.钢筋绑扎的工具;

ⅳ.钢筋绑扎的操作要点;

ⅴ.钢筋绑扎的质量通病防治。

②材料要求。

a.成型钢筋:必须符合配料单的规格、尺寸、形状以及数量,并应有加工出厂合格证。

b.铁丝:可采用 20~22 号铁丝(火烧丝)或者镀锌铁丝。铁丝切断长度要满足使用要求。

c.垫块:宜用同结构等强度的细石混凝土制成,50 mm 见方,厚度同保护层,垫块内预留 20~22 号火烧丝,或用塑料卡、拉筋以及支撑筋。

③作业条件。

a.钢筋进场后应检查有无出厂证明、复试报告,并按施工平面布置图指定的位置,按规格、使用部位以及编号分别加垫木堆放。

b.做好抄平放线工作,弹好水平标高线,墙、柱、梁部位外皮尺寸线。

c.根据弹好的外皮尺寸线,检查下层预留搭接钢筋的位置、数量以及长度,如不符合要求时,应进行处理。绑扎前先整理调直下层伸出的搭接筋,并把锈蚀、水泥砂浆等污垢清理干净。

d.根据标高检查下层伸出搭接筋处的混凝土表面标高(柱顶、墙顶)是否符合图纸要求,如有松散不实之处应剔除并且清理干净。

(3)关键要求。

①材料要求。

a.成型钢筋进场时,应抽取试件作屈服强度、抗拉强度、伸长率和重量偏差检验,检验结果必须符合有关标准的规定。

b.对有抗震设防要求的结构,其纵向受力钢筋的性能应满足设计要求;当设计无具体要求时,对按一、二、三级抗震等级设计的框架和斜撑构件(含梯段)中的纵向受力钢筋应采用 HRB335E、HRB400E、HRB500E、HRBF335E、HRBF400E 或 HRBF500E 钢筋,其强度和最大力下总伸长率的实测值应符合下列规定:

i.钢筋的抗拉强度实测值与屈服强度实测值的比值不应小于1.25。

ii.钢筋的屈服强度实测值与屈服强度标准值的比值不应大于1.30。

iii.钢筋的最大力下总伸长率不应小于9%。

②技术要求。

a.认真熟悉施工图,了解设计意图及要求,编制钢筋绑扎技术交底。

b.依据设计图纸及操作工艺要求,向施工人员进行技术交底。

③质量要求。

a.钢筋绑扎前,应检查有无锈蚀,除锈后再运至绑扎部位。

b.熟悉图纸、按设计要求检查已加工好的钢筋规格、形状、数量正确与否。

c.做好抄平放线工作,根据弹好的外皮尺寸线,检查下层预留搭接钢的位置、数量以及长度。绑扎前先整理调直下层伸出的搭接筋,并把锈蚀、水泥砂浆等污垢清理干净。

(4)施工工艺。

①绑柱子钢筋。

a.工艺流程:弹柱子线→剔凿柱混凝土表面浮浆→修理柱子筋→套柱箍筋→搭接绑扎竖向受力筋→画箍筋间距线→绑箍筋。

b.套柱箍筋:按图纸要求间距,将每根柱箍筋数量计算好,并先将箍筋套在上层伸出的搭接筋上,然后立柱子钢筋,在搭接长度内,绑扣不少于3个,绑扣要向柱中心。若柱子主筋采用光圆钢筋搭接时,角部弯钩应与模板成45°,中间钢筋的弯钩应同模板成90°角。

c.搭接绑扎竖向受力筋:柱子主筋立起之后,绑扎接头的搭接长度、接头面积百分率应符合设计要求,如设计没有要求时应符合表1.10的要求。

d.箍筋绑扎:箍筋间距线,在立好的柱子竖向钢筋上,按照图纸要求用粉笔划箍筋间距线。

e.柱箍筋绑扎:

ⅰ.按已划好的箍筋位置线,将已套好的箍筋往上移动,从上往下绑扎,宜采用缠扣绑扎,如图1.19所示。

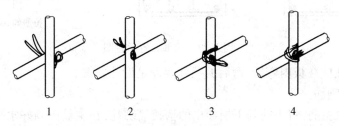

图1.19 缠扣绑扎示意图
1、2、3、4—绑扎顺序

ⅱ.箍筋与主筋要垂直,箍筋转角处和主筋交点均要绑扎,主筋与箍筋非转角部分的相交点成梅花交错绑扎。

ⅲ.箍筋的弯钩叠合处应沿柱子竖筋交错进行布置,并绑扎牢固,如图1.20所示。

ⅳ.有抗震要求的地区,柱箍筋端头应弯成135°,平直部分长度不小于10d(d为箍筋直径),如图1.21。如箍筋采用90°搭接,搭接处应焊接,焊缝长度单面焊缝不小于10d。

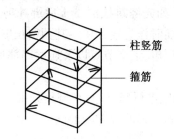

图1.20 柱箍筋交错布置示意图

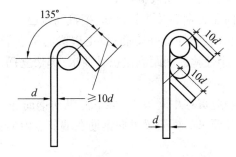

图1.21 箍筋抗震要求示意图

ⅴ.柱基、柱顶以及梁柱交接处箍筋间距应按设计要求加密。柱上下两端箍筋应加密,加密区长及加密区内箍筋间距应符合设计图纸要求。若设计要求箍筋设拉筋时,拉筋应钩住箍筋,如图1.22所示。

ⅵ.柱筋保护层厚度应满足规范要求,主筋外皮为25 mm厚的垫块应绑在柱竖筋外皮上,间距一般1 000 mm,或用塑料卡卡在外竖筋上,以确保主筋保护层厚度准确。当柱截面

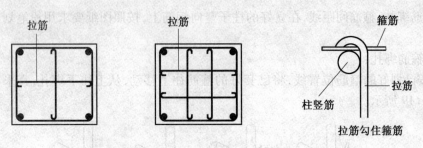

图 1.22　拉筋布置示意图

尺寸有变化时,柱应在板内弯折,弯后的尺寸要满足设计要求。

②绑剪力墙钢筋。

a. 立 2~4 根主筋:将主筋与下层伸出的搭接筋绑扎,在主筋上画好水平筋分档标志,在下部及齐胸处绑两根横筋定位,并在横筋上划好主筋分档标志,接着绑其余主筋,最后再绑其余横筋。横筋在主筋里面或外面应符合设计要求。

b. 主筋与伸出搭接筋的搭接处需绑 3 根水平筋,其搭接长度及位置均应符合设计要求,设计无要求时应符合本节施工准备的规定。

c. 剪力墙筋应逐点绑扎,双排钢筋之间应绑拉筋或支撑筋,其纵横间距不大于 600 mm,钢筋外皮绑扎垫块或用塑料卡(也可采用梯子筋来保证钢筋保护层厚度)。

d. 剪力墙与框架柱连接处,剪力墙的水平横筋应锚固到框架柱内,其锚固长度要符合设计要求或本节施工准备的规定。如先浇筑柱混凝土后绑扎剪力墙筋时,柱内要预留连接筋或柱内预埋钢件,待柱拆模绑墙筋时作为连接用。其预留长度应符合设计或规范的规定。

e. 剪力墙水平筋在两端头、转角、十字节点以及连梁等部位的锚固长度及洞口周围加固筋等,均应符合设计抗震要求。

f. 合模后对伸出的主向钢筋应进行修整,宜在搭接处绑一道横筋定位,浇筑混凝土时应有专人看管,浇筑后再次调整以确保钢筋位置的准确。

③梁钢筋绑扎。

a. 在梁侧模板上划出箍筋间距,摆放箍筋。

b. 先穿主梁的下部纵向受力钢筋及弯起钢筋,把箍筋按已划好的间距逐个分开;穿次梁的下部纵向受力钢筋及弯起钢筋,并套好箍筋;放主次梁的架立筋;隔一定间距把架立筋与箍筋绑扎牢固;调整箍筋间距使箍筋间距满足设计要求,绑架立筋,再绑主筋,主次梁同时配合进行。

c. 框架梁上部纵向钢筋应贯穿中间节点,梁下部纵向钢筋伸入中间节点锚固长度及伸过中心线的长度要符合设计要求。框架梁纵向钢筋在端节点内的锚固长度也要满足设计要求。

d. 绑梁上部纵向筋的箍筋,宜采用套扣法绑扎,如图 1.23 所示。

e. 箍筋在叠合处的弯钩,在梁中应交错绑扎,箍筋弯钩为 $135°$,平直部分长度为 $10d$,若做成封闭箍时,单面焊缝长度为 $5d$。

f. 梁端第一个箍筋应设置于距离柱节点边缘 50 mm 处。梁端与柱交接处箍筋应加密,其间距与加密区长度均要符合设计要求。

g. 在主、次梁受力筋下均应垫垫块(或塑料卡),保证保护层的厚度。受力筋为双排时,

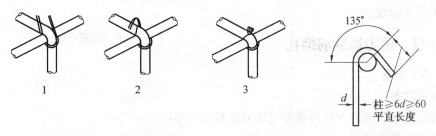

图1.23　梁钢筋套扣法绑扎

1、2、3—绑扎顺序

可用短钢筋垫在两层钢筋之间,钢筋排距应符合设计要求。

h.梁筋的搭接:梁的受力钢筋直径等于或大于22 mm时,宜采用焊接接头;小于22 mm时,可采用绑扎接头,搭接长度要符合规定要求。搭接长度末端与钢筋弯折处的距离,不得小于钢筋直径的10倍。接头不宜位于构件的最大弯矩处,受拉区域内HPB235级钢筋绑扎接头的末端应做弯钩(HRB335级钢筋可不做弯钩),搭接处应在中心和两端扎牢。接头位置应相互错开,当采用绑扎搭接接头时,在规定搭接长度的任一区域内有接头的受力钢筋截面面积占受力钢筋总截面面积百分率,受拉区不大于50%。

④板钢筋绑扎。

a.清理模板上面的杂物,用粉笔在模板上划好主筋、分布筋间距。

b.按划好的间距,先摆放受力主筋、后放分布筋。预埋件、电线管以及预留孔等及时配合安装。

c.在现浇板中有板带梁时,应先绑扎板带梁钢筋,再摆放板钢筋。

d.如图1.24所示楼板钢筋绑扎一般用顺扣或者八字扣,除外围两根钢筋的相交点应全部绑扎外,其余各点可交错绑扎(双向板相交点需全部绑扎)。如板为双层钢筋,两层钢筋之间须加钢筋马凳,以确保上部钢筋的位置。负弯矩钢筋每个相交点均要绑扎。

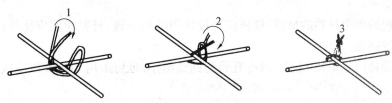

图1.24　楼板钢筋绑扎

1、2、3—绑扎顺序

e.在钢筋的下面垫好砂浆垫块,间距1.5 m。垫块的厚度等于保护层厚度,应满足设计要求,如设计无要求时,板的保护层厚度应为15 mm。钢筋搭接长度与搭接位置的要求与梁相同。

⑤楼梯钢筋绑扎。

a.在楼梯底板上划主筋和分布筋位置线。

b.根据设计图纸中主筋、分布筋的方向,先绑扎主筋后绑扎分布筋,每个交点均应绑扎。如有楼梯梁时,先绑梁筋后绑板筋。板筋要锚固到梁内。

c.底板筋绑完,待踏步模板吊绑支好后,再绑扎踏步钢筋。主筋接头数量和位置均要符合设计和规范的规定。

第7讲　剪力墙钢筋绑扎

(1)施工准备。

①技术准备。

a.熟悉图纸。钢筋下料及成型完毕并经检验合格。

b.标出钢筋位置线。

c.做好技术交底。

②材料要求。

a.工程所用钢筋种类、规格必须满足设计要求,并经检验合格。

b.钢筋及半成品符合设计及规范要求。

c.钢筋绑扎用的铁丝采用20~22号铁丝(火烧丝)或者镀锌铁丝,其中22号铁丝只用于绑扎直径12 mm以下的钢筋。钢筋绑扎丝长度参考本节表1.9。

③作业条件。

a.检查钢筋的出厂合格证,按规定进行复试,并且经检验合格后方能使用;网片应有加工合格证并经现场检验合格;加工成型钢筋应满足设计及规范要求,钢筋无老锈及油污。

b.钢筋或者点焊网片应按现场施工平面布置图中指定位置堆放,网片立放时应有支架,平放时应垫平,垫木应上下对正,在吊装时应使用网片等。

c.若钢筋外表面有铁锈时,应在绑扎前清除干净,锈蚀严重的钢筋不得使用。

d.外砖内模工程必须先将外墙砌完。

e.绑扎钢筋地点已清理干净。

f.墙身及洞口位置线已弹好,预留钢筋处的松散混凝土已剔凿干净。

(2)关键要求。

①材料要求。

a.施工现场所用材料的材质、规格应与设计图纸相一致,材料代用应征得设计、监理以及建设单位的同意。

b.关键焊接网宜采用LL550级冷扎带肋钢筋制作,也可采用LG510级冷拔光面钢筋来制作。

②技术要求。

a.剪力墙钢筋绑扎应注意先后顺序,尤其是剪力墙里有暗梁、暗柱时。

b.剪力墙钢筋的搭接应满足设计及本节表1.10的要求。

③质量要求。施工中应注意以下质量问题,妥善解决,达到质量要求:

a.水平筋的位置、间距不符合要求:墙体绑扎钢筋时应搭设高凳或简易脚手架,保证水平筋位置准确。

b.下层伸出的墙体钢筋及竖向钢筋绑扎不符合要求:绑扎时应先将下层伸出钢筋调直理顺,然后再绑扎或焊接。如果下层伸出的钢筋位移较大时,应征得设计同意进行处理。

c.门窗洞口加强筋位置尺寸不符合要求:应于绑扎前根据洞口边线将加强筋位置调整,绑扎加强筋时应吊线找正。

d.剪力墙水平筋锚固长度不符合要求:在拐角、十字结点、墙端以及连梁等部位钢筋的锚固应符合设计要求。

(3)施工工艺。

①钢筋绑扎。

a.工艺流程:弹墙体线→剔凿墙体混凝土浮浆→修理预留柱搭接筋→绑纵向筋→绑横筋→绑拉筋或支撑筋。

b.钢筋绑扎操作工艺。

ⅰ.将预留钢筋调直理顺,并把表面砂浆等杂物清理干净。先立2~4根纵向筋,并划好横筋分档标志,然后于下部和齐胸处绑两根定位水平筋,并在横筋上划好分档标志,然后绑其余纵向筋,最后绑其余横筋。如剪力墙中有暗梁、暗柱时,应先绑暗梁及暗柱再绑周围横筋。

ⅱ.剪力墙的纵向钢筋每段钢筋长度不宜大于4 m(钢筋的直径≤12 mm)或6 m(钢筋的直径>12 mm),水平段每段长度不宜大于8 m,以利绑扎。

ⅲ.剪力墙的钢筋网绑扎。全部钢筋的相交点均要扎牢,绑扎时相邻绑扎点的铁丝扣成八字形,防止网片歪斜变形。

ⅳ.剪力墙钢筋绑扎完之后,把整块或垫圈固定好确保钢筋保护层的厚度。为控制墙体钢筋保护层厚度,宜采用比墙体竖向钢筋大一型号钢筋梯子凳措施,在原位代替墙体钢筋,间距1 500 mm左右。如图1.25所示为梯子凳。

ⅴ.剪力墙水平分布钢筋的搭接长度不应小于$1.2l_a$(l_a为钢筋锚固长度)。同排水平分布钢筋的搭接接头之间及上、下相邻水平分布钢筋的搭接接头之间沿水平方向的净间距离不宜小于500 mm。当搭接采用焊接时应符合焊接的规定。

ⅵ.剪力墙竖向分布钢筋可在同一高度进行搭接,搭接长度不应小于$1.2l_a$。

ⅶ.剪力墙分布钢筋的锚固:剪力墙水平分布钢筋应伸到墙端,并向内水平弯折10d后截断,其中d为水平分布钢筋直径。

当剪力墙端部有翼墙或转角墙,内墙两侧的水平分布钢筋与外墙内侧的水平分布钢筋应伸至翼墙或转角外边,并且分别向两侧水平弯折后截断,其水平弯折长度不小于15d。在转角墙处,外墙外侧的水平分布钢筋应在墙端外角处弯入翼墙,并和翼墙外侧水平分布钢筋搭接,搭接长度为$1.2l_a$。

带边框的剪力墙,其水平与竖向分布钢筋宜分别贯穿柱、梁或者锚固在柱、梁内。

ⅷ.剪力墙洞口连梁应沿全长配置箍筋,箍筋直径不宜小于6 mm,并且间距不宜大于150 mm。

在顶层洞口连梁纵向钢筋伸入墙内的锚固长度范围之内,应设置间距不大于150 mm的箍筋,箍筋直径与该连梁跨内箍筋直径相同。同时,门窗洞边的竖向钢筋应按受拉钢筋锚固于顶层连梁高度范围内。

ⅸ.混凝土浇筑之前,对伸出的墙体钢筋进行修整,并绑一道临时横向筋固定伸出筋的间距(甩筋的间距)。墙体混凝土浇筑时派专人看管钢筋,浇筑完之后,立即对伸出的钢筋(甩筋)进行修整。

ⅹ.外砖内模剪力墙结构,剪力墙钢筋同外砖墙连接:绑内墙钢筋时,先把外墙预留的拉结筋理顺,然后再同内墙钢筋搭接绑牢。

c.焊接网片绑扎操作工艺。

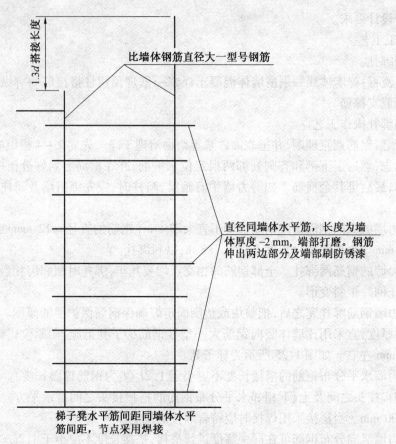

图 1.25　梯子凳详图

ⅰ.将墙身处预留钢筋调直理顺,并把表面杂物清理干净。按照图纸要求将网片就位,网片立起后用木方临时固定支牢。然后逐根绑扎根部搭接钢筋,在搭接部分及两端共绑 3 个扣。同时将门窗洞口处加固筋也绑扎,要求位置准确。洞口处的偏移预留筋应作成灯插弯(1:6)弯折至正确位置并理顺,使门窗洞口处的加筋位置满足设计图纸的要求。如果预留筋偏移过大或影响门窗洞口时,应在根部切除并且在正确位置采用化学注浆法植筋。

ⅱ.剪力墙中用焊接网片作分布钢筋时可以按一楼层为一个竖向单元。其竖向搭接可设在楼层面之上,搭接长度不应小于 $1.2l_a$ 并且不应小于 400 mm。在搭接的范围内,下层焊接网片不设水平分布钢筋,如图 1.26 所示,搭接时应将下层网的竖向钢筋与上层网的钢筋绑扎固定。

ⅲ.剪力墙结构的分布钢筋采用的焊接网,对于一级抗震等级应采用冷轧带肋钢筋焊接网,而对于二级抗震等级宜采用冷轧带肋钢筋焊接网。

ⅳ.当采用冷拔光面钢筋焊接网作剪力墙分布筋时,其竖向分布筋未焊水平筋的上端应有与墙面垂直的 90° 弯钩,直钩长度为 $5d \sim 10d$ (d 为竖向分布钢筋直径),且不应小于 50 mm。

ⅴ.墙体中钢筋焊接网在水平方向的搭接可采用平接法或者附加钢筋扣接法,搭接长度应符合设计要求,如果设计无要求,则应符合《钢筋焊接网混凝土结构技术规程》(JGJ 114—2003)的规定。

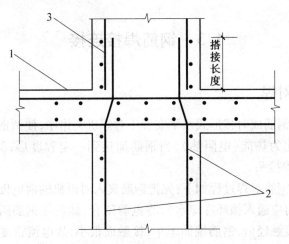

图 1.26　钢筋焊接网的竖向搭接图
1—楼板;2—下层焊接网;3—上层焊

ⅵ. 钢筋焊接网在墙体端部的构造。当墙体端部没有暗柱或端柱时,可用绑扎的附加钢筋连接。附加钢筋(宜优先选用冷轧带肋钢筋)的间距宜与钢筋焊接网的水平钢筋的间距相同,其直径可以按等强度设计原则确定,附加钢筋的锚固长度如图 1.27 所示。

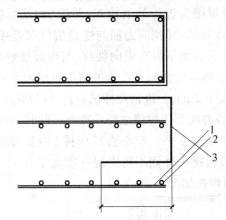

图 1.27　钢筋焊接网在墙体端部(无暗柱)的构造图
1—焊接网水平钢筋;2—焊接网竖向钢筋;3—附加连接钢筋

当墙体端部设有暗柱或者端柱时,焊接网的水平钢筋可插入柱内锚固,该插入部分可以不焊接竖向钢筋,其锚固长度,对冷轧带肋钢筋应满足设计及规范规定;对冷拔光面钢筋宜在端头设置弯钩或焊接短筋,其锚固长度不应小于 $40d$(对 C20 混凝土)或者 $30d$(对 C30 混凝土),且不应小于 250 mm,并应采用铁丝与柱的纵向钢筋绑扎牢固。当钢筋焊接网设置于暗柱或者端柱钢筋外侧时,应与暗柱或者端柱钢筋有可靠的连接措施。

1.3　钢筋焊接连接

第8讲　钢筋对焊

钢筋对焊是将两钢筋成对接形式水平安置于对焊机夹钳中,使两钢筋接触,通以低电压的强电流,把电能转化为热能(电阻热),当钢筋加热到一定程度后,就施加轴向压力挤压(称顶锻),便形成对焊接头。

钢筋对焊工艺。钢筋对焊过程如下:先把钢筋夹入对焊机的两电极中(钢筋与电极接触处应清除锈污,电极内应通入循环冷却水),将电源闭合,然后使钢筋两端面轻微接触,这时就有电流通过,由于接触轻微,钢筋端面不平,接触面很小,故电流密度和接触电阻很大,所以接触点很快熔化,形成"金属过梁"。过梁被进一步加热,产生金属蒸汽飞溅熔化金属微粒经钢筋两端面的间隙中喷出,此过程称为烧化,形成闪光现象,因此也称闪光对焊。通过烧化使钢筋端部温度升高到要求温度后,便快速将钢筋挤压(称顶锻),之后断电,即形成对焊接头。根据所用对焊机功率大小及钢筋品种、直径不同,闪光对焊又分连续闪光焊、预热闪光焊以及闪光预热-闪光焊等不同工艺。

焊接质量检查。应将对焊接头进行外观检查,并按《钢筋焊接及验收规程》(JGJ 18—2012)的规定作拉伸试验和冷弯试验(预应力筋与螺栓端杆对焊接头只作拉伸试验,不进行冷弯试验)。外观检查时,接头表面不得有横向裂纹;与电极接触处的钢筋表面不得有明显的烧伤(对RRB400级钢筋不得有烧伤);接头处的弯折不得大于4°;钢筋轴线偏移不得大于0.1倍钢筋直径,同时不得大于2 mm。进行拉伸试验时,抗拉强度不得低于该级钢筋的规定抗拉强度;试样应呈塑性断裂并断裂于焊缝之外。冷弯试验时,应将受压面的金属毛刺及镦粗变形部分去除,与母材的外表齐平。弯心直径应按《钢筋焊接及验收规程》(JGJ 18—2012)规定选取,弯曲至90°时,接头外侧不得出现宽度大于0.15 mm的横向裂纹。建筑工地常用的UN1-75型手动对焊机如图1.28所示。

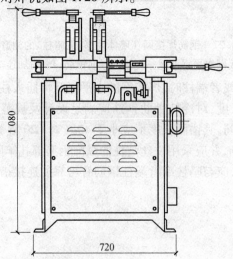

图1.28 UN1-75型手动对焊机

第9讲　钢筋电弧焊

钢筋电弧焊包括帮条焊、搭接焊、坡口焊以及熔槽帮条焊等接头型式。焊接时应符合下列要求:

①应根据钢筋级别、直径、接头型式以及焊接位置,选择焊条、焊接工艺和焊接参数;

②焊接时,引弧应于垫板、帮条或形成焊缝的部位进行,不得烧伤主筋;

③焊接地线和钢筋应接触紧密;

④焊接过程中应及时清渣,焊缝表面应光滑,弧坑应填满,焊缝余高应平缓过渡。电弧焊设备主要采用交流弧焊机,建筑工地常用交流弧焊机的技术性能见表1.11。

表1.11　常用交流弧焊机的技术性能

项目		BX3-120-1	BX3-300-2	BX3-500-2	BX2-1000(BC-1000)
额定焊接电流/A		120	300	500	1 000
初级电压/V		220/380	380	380	220/380
次级空载电压/V		70～75	70～78	70～75	69～78
额定工作电压/V		25	32	40	42
额定初级电流/A		41/23.5	61.9	101.4	340/196
焊接电流调节范围/A		20～160	40～400	60～600	400～1 200
额定持续率/%		60	60	60	60
额定输入功率/kVA		9	23.4	38.6	76
各持续率时功率	100%/kVA	7	18.5	30.5	—
	额定持续率/kVA	9	23.4	38.6	76
各持续率时焊接电流	100%/kVA	93	2 332	388	775
	额定持续率/kVA	120	300	500	1 000
功率因数/cos φ		—	—	—	0.62
效率/%		80	82.5	87	90
外形尺寸(长×宽×高)/mm		485×470×680	730×540×900	730×540×900	744×950×1 220
重量/kg		100	183	225	560

电弧焊接头质量检验:

(1)取样数量。电弧焊接头外观检查,应在清渣之后逐个进行目测或量测。当进行力学性能试验时,应按以下规定抽取试件:

①以300个同一接头型式、同一钢筋级别的接头作为一批,在房屋结构中,应在不超过连续二楼层中300个同牌号钢筋、同型式接头作为一批;每批随机切取3个接头做拉伸试验;

②在装配式结构中,可按生产条件制作模拟构件。

③钢筋与钢板搭接焊接头可只进行外观质量检查。

注:同一批中若有3种不同直径的钢筋焊接接头,应在最大直径钢筋接头和最小直径钢筋接头中分别切取3个进行拉伸试验。钢筋电渣压力焊接头、钢筋气压焊接头取样均同。

(2)外观检查。钢筋电弧焊接头外观检查结果,应符合以下要求:

①焊缝表面应平整,不得有焊瘤或凹陷;

②焊接接头区域不得有肉眼可见的裂纹；

③咬边深度、气孔以及夹渣等缺陷允许值，应符合表1.12的规定；

表1.12　钢筋电弧焊接头尺寸偏差及缺陷允许值

名称		单位	接头形式		
			帮条焊	搭接焊	坡口焊熔槽帮条焊
帮条沿接头中心线的纵向偏移		mm	$0.5d$	—	—
接头处弯折角		(°)	4	4	4
接头处钢筋轴线的偏移		mm	$0.1d$	$0.1d$	$0.1d$
			3	3	3
焊缝厚度		mm	$\begin{array}{c}+0.05d\\0\end{array}$	$\begin{array}{c}+0.05d\\0\end{array}$	
焊缝宽度		mm	$\begin{array}{c}+0.1d\\0\end{array}$	$\begin{array}{c}+0.1d\\0\end{array}$	
焊缝长度		mm	$\begin{array}{c}-0.5d\\0\end{array}$	$\begin{array}{c}-0.5d\\0\end{array}$	
横向咬边深度		mm	0.5	0.5	0.5
在长$2d$焊缝表面上的气孔及夹渣	数量	mm	2	2	
	面积	mm^2	6	6	
在全部焊缝表面上的气孔及夹渣	数量	个	—	—	2
	面积	mm^2			6

注:d 为钢筋直径(mm)。

④焊缝余高应为2~4 mm；

⑤预埋件T形接头的钢筋间距偏差不应大于10 mm，并且钢筋相对钢板的直角偏差不得大于4°。

外观检查不合格的接头、经修整或补强后，可以提交二次验收。

(3)拉伸试验。钢筋电弧焊接头拉伸试验结果，应符合以下要求：

①3 个热轧钢筋接头试件的抗拉强度均不得小于该级别钢筋规定的抗拉强度；

②3 个接头试件均应断于焊缝之外，并且应至少有 2 个试件呈延性断裂。

当试验结果中有一个试件的抗拉强度小于规定值，或者有 1 个试件断于焊缝，或者有 2 个试件发生脆性断裂时，应再取 6 个试件进行复验。复验结果如果有一个试件抗拉强度小于规定值，或者有一个试件断于焊缝，或者有 3 个试件呈脆性断裂时，应确认该批接头为不合格品。

模拟试件试验结果不满足要求时，复验应再从成品中切取，其数量和要求应与初始试验时相同。

第10讲　钢筋电渣压力焊

钢筋电渣压力焊是将两根钢筋安放成竖向对接形式，借助焊接电流通过两根钢筋端面间隙，在焊剂层下形成电弧过程和电渣过程，产生电弧热及电阻热，熔化钢筋，加压完成的一种压焊方法。这种焊接方法比电弧焊节省钢材、工效高并且成本低，适用于现浇钢筋混凝土结构中竖向或斜向(倾斜度在 4∶1 范围内)钢筋的连接。

电渣压力焊在供电条件差、电压不稳、雨季或者防火要求高的场合应慎用。

电渣压力焊的焊接设备包括:焊接电流、焊接机头、控制箱以及焊剂填装盒等,如图 1.29 所示。

1. 焊接工艺与参数

(1)焊接工艺。施焊之前,焊接夹具的上、下钳口应夹紧在上、下钢筋上;钢筋一经夹紧,不得晃动。电渣压力焊的工艺过程包括:引弧、电弧、电渣以及顶压,如图 1.30 所示。

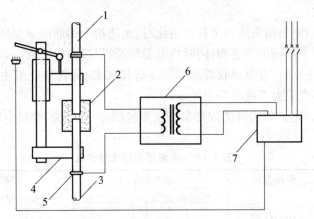

图 1.29　钢筋电渣压力焊设备示意图
1—上钢筋;2—焊剂盒;3—下钢筋;4—焊接
机头;5—焊钳;6—焊接电源;7—控制箱

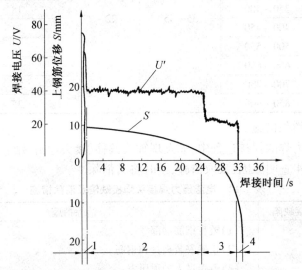

图 1.30　钢筋电渣压力焊工艺过程图解(ϕ28 钢筋)
1—引弧过程;2—电弧过程;3—电渣过程;4—顶压过程

①引弧过程:宜采用钢丝圈引弧法,也可以采用直接引弧法。

钢丝圈引弧法是将钢丝圈放在上、下钢筋端头之间,高约为 10 mm,电流通过钢丝圈与上、下钢筋端面的接触点而形成短路引弧。

直接引弧法是在通电之后迅速将上钢筋提起,使两端头之间的距离为 2~4 mm 引弧。

当钢筋端头夹杂不导电物质或过于平滑导致引弧困难时,可以多次把上钢筋移下与下钢筋短接后再提起,达到引弧目的。

②电弧过程:借助电弧的高温作用,将钢筋端头的凸出部分不断烧化;同时把接口周围的焊剂充分熔化,形成一定深度的渣池。

③电渣过程:渣池形成一定深度后,将上钢筋缓缓插入渣池中,此时电弧熄灭,进入电渣过程。由于电流直接通过渣池,产生大量的电阻热,使渣池温度升高到近2 000 ℃,将钢筋端头迅速而均匀熔化。

④顶压过程:当钢筋端头达到全截面熔化时,迅速把上钢筋向下顶压,将熔化的金属、熔渣及氧化物等杂质全部挤出结合面,同时将电源切断,焊接即告结束。

接头焊毕,应停歇后,方可回收焊剂和卸下焊接夹具,并将渣壳敲去;四周焊包应均匀,凸出钢筋表面的高度应大于或者等于4 mm。

(2)焊接参数。电渣压力焊的焊接参数主要包括:焊接电流、焊接电压以及焊接时间等,见表1.13。

表1.13　电渣压力焊焊接参数

钢筋直径 / mm	焊接电流 /A	焊接电压/V		焊接通电时间/s	
		电弧过程 u2.1	电渣过程 u2.2	电弧过程 t_1	电渣过程 t_2
14	200~220			12	3
16	200~250			14	4
18	250~300			15	5
20	300~350			17	5
22	350~400			18	6
25	400~450	35~45	22~27	21	
28	500~550			24	6
32	600~650			27	6
36	700~750			30	7
40	850~900			33	8

2. 焊接缺陷及消除措施

在钢筋电渣压力焊的焊接过程中,如发现轴线偏移、接头弯折、结合不良、烧伤以及夹渣等缺陷,参照表1.14查明原因,采取措施,及时将其消除。

表1.14　电渣压力焊接头焊接缺陷及消除措施

项次	焊接缺陷	消除措施
1	轴线偏移	(1)矫直钢筋端部 (2)正确安装夹具和钢筋 (3)避免过大的顶压力 (4)及时修理或更换夹具
2	弯折	(1)矫直钢筋端部 (2)注意安装和扶持上钢筋 (3)避免焊后过快卸夹具 (4)修理或更换夹具

续表 1.14

项次	焊接缺陷	消除措施
3	咬边	(1)减小焊接电流 (2)缩短焊接时间 (3)注意上钳口的起点和止点,确保上钢筋顶压到位
4	未焊合	(1)增大焊接电流 (2)避免焊接时间过短 (3)检修夹具,确保上钢筋下送自如
5	焊包不匀	(1)钢筋端面力求平整 (2)填装焊剂尽量均匀 (3)延长焊接时间,适当增加熔化量
6	气孔	(1)按规定要求烘焙焊剂 (2)滴除钢筋焊接部位的铁锈 (3)确保接缝在焊剂中合适埋入深度
7	烧伤	(1)钢筋导电部位除净铁锈 (2)尽量夹紧钢筋
8	焊包下淌	(1)彻底封堵焊剂筒的漏孔 (2)避免焊后过快回收焊剂

3.电渣压力焊接头质量检验

(1)取样数量。当进行力学性能试验时,应从每批接头中随机切取 3 个试件做拉伸试验,且应按以下规定抽取试件。

①在一般构筑物中,应当以 300 个同级别钢筋接头作为一批;

②在现浇钢筋混凝土多层结构中,应以每一楼层或者施工区段中 300 个同级别钢筋接头作为一批,不足 300 个接头仍应作为一批。

(2)外观检查。电渣压力焊接头应逐个进行外观检查。电渣压力焊接头外观检查结果应符合以下要求:

①四周焊包凸出钢筋表面的高度,当钢筋直径为 25 mm 及以下时,不得小于 4 mm;当钢筋直径为 28 mm 及以上时,不得小于 6 mm;

②钢筋与电极接触处,应无烧伤缺陷;

③接头处的弯折不得大于 2°;

④接头处的轴线偏移不得大于 1 mm。

外观检查不合格的接头应切除重焊,或采用补强焊接措施。

(3)拉伸试验。电渣压力焊接头拉伸试验结果,3 个试件的抗拉强度都不得小于该级别钢筋规定的抗拉强度。

当试验结果有 1 个试件的抗拉强度低于规定值,应再取 6 个试件作复验。复验结果,当仍有 1 个试件的抗拉强度小于规定值,应确认该批接头为不合格品。

第 11 讲　钢筋气压焊

钢筋气压焊是采用一定比例的氧气与乙炔焰为热源,对需要连接的两钢筋端部接缝处进行加热,使其达到热塑状态,同时对钢筋施加 30~40 MPa 的轴向压力,使钢筋顶锻在一起。此焊接方法使钢筋在还原气体的保护下,发生塑性流变之后相互紧密接触,促使端面金属晶体相互扩散渗透,再结晶,再排列,形成牢固的焊接接头。这种方法设备投资少、施工安全、节约钢材及电能,不仅适用于竖向钢筋的连接,也可适用于各种方向布置的钢筋连接。适用范围为直径 14 ~ 40 mm 的 HPB235 级、HRB335 级以及 HRB400 级钢筋(25MnSi HRB400 级钢筋除外);当不同直径钢筋焊接时,两钢筋直径差不得大于 7 mm。

(1)施工前应做好下列准备:

①施工前应对现场有关人员及操作工人进行钢筋气压焊的技术培训。培训的重点是焊接原理、工艺参数的选用、操作方法、接头检验方法以及不合格接头产生的原因和防治措施等。对磨削、装卸等辅助作业工人,也需了解有关规定和要求。焊工必须经考核并发给合格证后方准进行操作。

②在正式焊接前,对所有需作焊接的钢筋,应按《混凝土结构工程施工质量验收规范》(GB 50204—2015)有关规定截取试件,进行试验。试件应切取 6 根,3 根作弯曲试验,3 根作拉伸试验,并根据试验合格所确定的工艺参数进行施焊。

③竖向压接钢筋时,应先将脚手架搭好。

④对钢筋气压焊设备和安全技术措施进行仔细检查,以保证正常使用。

(2)焊接钢筋端部加工应符合下列要求:

①钢筋端面应切平,切割时要考虑钢筋接头的压缩量,通常为$(0.6 \sim 1.0)d$。断面应与钢筋的轴线相垂直,端面周边毛刺应去掉。钢筋端部如果有弯折或扭曲应矫正或切除。切割钢筋应用砂轮锯,不宜使用切断机。

②清除压接面上的锈、油污以及水泥等附着物,并打磨见新面,使其露出金属光泽,不得有氧化现象。压接端头清除的长度通常为 50 ~ 100 mm。

③钢筋的压接接头应布置在数根钢筋的直线区段内,不得在弯曲段内设置接头。有多根钢筋压接时,接头位置应按照《混凝土结构工程施工质量验收规范》(GB 50204—2015)的规定错开。

④两钢筋安装于夹具上,应夹紧并加压顶紧。两钢筋轴线要对正,并且对钢筋轴向施加 5 ~ 10 MPa 初压力。钢筋之间的缝隙不得大于 3 mm,压接面要求如图 1.31 所示。

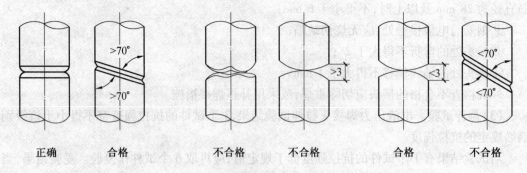

图 1.31　钢筋气压焊压接面要求

(3)气压焊接应符合以下要求:

①压接部位要求,压接部位应符合有关规范和设计要求。

②压接区两钢筋轴线的相对偏心量(e),不得大于钢筋直径的 0.15 倍,同时不得大于 4 mm。钢筋直径不同相焊时,按照小钢筋直径计算,并且小直径钢筋不得错出大直径钢筋。

当超过以上限量时,应切除重焊。

③接头部位两钢筋轴线不在同一直线上时,其弯折角不得大于4°。当大于限量时,应重新加热矫正。

④镦粗区最大直径(d_c)应是钢筋公称直径的$1.4 \sim 1.6$倍,长度(l_1)应为钢筋公称直径的$0.9 \sim 1.2$倍,并且凸起部分平缓圆滑。否则,应重新加热加压镦粗。

⑤镦粗区最大直径处应为压焊面:如果有偏移,其最大偏移量(d_h)不得大于钢筋公称直径$0.2d$(图1.32)。

⑥钢筋压焊区表面不得有横向裂纹,如果发现有横向裂纹时,应切除重焊。

⑦在钢筋压焊区表面不得有严重烧伤,否则应切除重焊。

外观检查如有5%接头不合格时,应暂停作业,待找出原因并且采取有效措施后,方可继续作业。

(4)焊接缺陷及消除措施。在焊接生产中,当发现焊接缺陷时,宜根据表1.15查找原因,采取措施,及时消除。

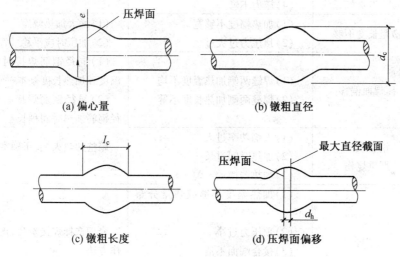

(a) 偏心量　　　　　　　　　(b) 镦粗直径

(c) 镦粗长度　　　　　　　　(d) 压焊面偏移

图1.32　钢筋气压焊接头外观质量图解

(5)气压焊接头质量检验。

①取样数量。当进行力学性能试验时,应从每批接头中随机切取3个接头做拉伸试验;在梁、板的水平钢筋连接中,应另切取3个接头做弯曲试验,且应按以下规定抽取试件:

a. 在一般构筑物中,以300个接头作为一批;

b. 在现浇钢筋混凝土房屋结构中,同一楼层中应以300个接头作为一批;不足300个接头仍应作为一批。

②外观检查。气压焊接头应逐个进行外观检查。气压焊接头外观检查结果应符合以下要求:

a. 偏心量。不得大于钢筋直径的1/10倍,且不得大于1 mm(图1.33a)。当不同直径钢筋焊接时,应按较小钢筋直径计算。当大于规定值但在钢筋直径的3/10以下时,可加热矫正;当大于3/10时,应切除重焊;

b. 接头处表面不得有肉眼可见的裂纹;

c. 接头处的弯折角不得大于2°,当大于规定值时,应重新加热矫正;

表 1.15　气压焊接头焊接缺陷及消除措施

项次	焊接缺陷	产生原因	消除措施
1	轴线偏移(偏心)	(1)焊接夹具变形,两夹头不同心,或夹具刚度不够 (2)两钢筋安装不正 (3)钢筋接合端面倾斜 (4)钢筋未夹紧进行焊接	(1)检查夹具,及时修理或更换 (2)重新安装夹紧 (3)切平钢筋端面 (4)夹紧钢筋再焊
2	弯折	(1)焊接夹具变形,两夹头不同心 (2)焊接夹具拆卸过早	(1)检查夹具,及时修理或更换 (2)熄火后半分钟再拆夹具
3	镦粗直径不够	(1)焊接夹具动夹头有效行程不够 (2)顶压油缸有效行程不够 (3)加热温度不够 (4)压力不够	(1)检查夹具和顶压油缸,及时更换 (2)采用适宜的加热温度及压力
4	镦粗长度不够	(1)加热幅度不够宽 (2)顶压力过大过急	(1)增大加热幅度 (2)加压时应平稳
5	压焊面偏移	(1)焊缝两侧加热温度不均 (2)焊缝两侧加热长度不等	(1)同径钢筋焊接时两侧加热温度和加热长度基本一致 (2)异径钢筋焊接时对较大直径钢筋加热时间稍长
6	钢筋表面严重烧伤	(1)火焰功率过大 (2)加热时间过长 (3)加热器摆动不匀	调整加热火焰,正确掌握操作方法
7	未焊合	(1)加热温度不够或热量分布不均 (2)顶压力过小 (3)接合端面不洁 (4)端面氧化 (5)中途灭火或火焰不当	合理选择焊接参数,正确掌握操作方法

d. 固态气压焊接头镦粗直径 d_c 不得小于钢筋直径的 1.4 倍,熔态气压焊接头镦粗直径 d_c 不得小于钢筋直径的 1.2 倍(图 1.33b)。当小于上述规定值时,应重新加热镦粗;

e. 镦粗长度 L_c 不得小于钢筋直径的 1.0 倍,且凸起部分平缓圆滑(图 1.33c)。当小于上述规定值时,应重新加热镦长。

③拉伸试验。气压焊接头拉伸试验结果,3 个试件的抗拉强度都不得小于该级别钢筋规定的抗拉强度,并应断于压焊面之外,呈延性断裂。如果有 1 个试件不符合要求,应切取 6 个试件进行复验;复验结果,如果仍有 1 个试件不符合要求,应确认该批接头为不合格品。

④弯曲试验。气压焊接头进行弯曲试验时,应将试件受压面的凸起部分消除,并且应与钢筋外表面齐平。弯心直径应比原材弯心直径增加 1 倍钢筋直径,弯曲角度都为 90°。

弯曲试验可以在万能试验机、手动或者电动液压弯曲试验器上进行;压焊面应处在弯曲中心点,弯至 90°,3 个试件都不得在压焊面发生破断。

当试验结果有 1 个试件不符合要求,应再切取 6 个试件进行复验。复验结果,如果仍有

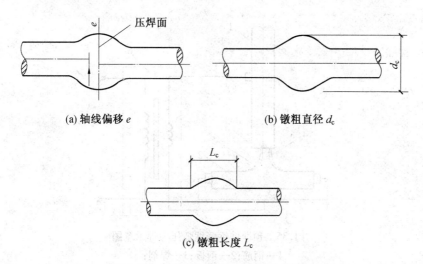

(a) 轴线偏移 e　　　　　　　　　　　(b) 镦粗直径 d_c

(c) 镦粗长度 L_c

图 1.33　钢筋气压焊接头外观质量图解

1 个试件不符合要求,应确认该批接头为不合格品。

(6)焊接设备。钢筋气压焊设备包括氧、乙炔供气设备、加热器、加压器及钢筋卡具等,如图 1.34 所示。钢筋气压焊接机系列有 GQH-Ⅱ 与Ⅲ型等。

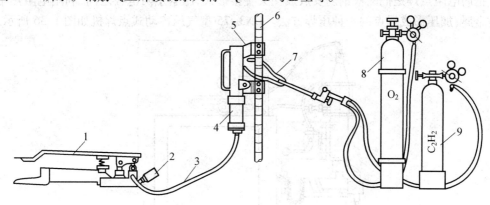

图 1.34　气压焊设备工作简图
1—脚踏液压泵;2—压力表;3—液压胶管;4—活动油缸;5—钢筋卡具;
6—被焊接钢筋;7—多火口烤枪;8—氧气瓶;9—乙炔瓶

第 12 讲　钢筋埋弧压力焊

预埋件钢筋埋弧压力焊是将钢筋与钢板安放成 T 形连接形式,借助焊接电流通过,在焊剂层下产生电弧,形成熔池,加压完成的一种压焊方法,如图 1.35 所示。这种焊接方法工艺简单、质量好、工效高、成本低。

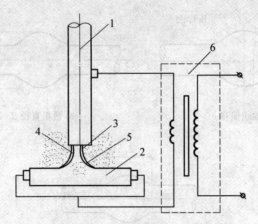

图 1.35　预埋件钢筋埋弧压力焊示意图
1—钢筋;2—钢板;3—焊剂;
4—电弧;5—熔池;6—焊接变压器

第13讲　钢筋电阻点焊

钢筋电阻点焊是把两根钢筋安放成交叉叠接形式,压紧于两电极之间,利用电阻热熔化母材金属,加压形成焊点的一种压焊方法。DN3-75 型气压传动式点焊机如图 1.36 所示。

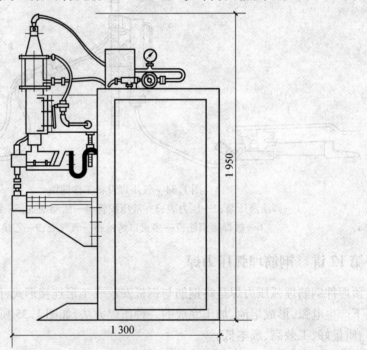

图 1.36　DN3-75 型气压传动式点焊机

1.4 钢筋机械连接

第14讲　带肋钢筋套筒挤压连接

带肋钢筋套筒挤压连接是把需要连接的带肋钢筋,插在特制的钢套筒内,利用挤压机压缩套筒,使之产生塑性变形,通过变形后的钢套筒与带肋钢筋之间的紧密咬合来实现钢筋的连接。适用于钢筋直径为16~40 mm的热轧HRB335级、HRB400级带肋钢筋的连接。

钢筋挤压连接有钢筋径向挤压连接与钢筋轴向挤压连接两种形式。

(1)带肋钢筋套筒径向挤压连接。带肋钢筋套筒径向挤压连接,是采用挤压机沿径向(即与套筒轴线垂直方向)将钢套筒挤压产生塑性变形,使之紧密地将带肋钢筋的横肋咬住,实现两根钢筋的连接,如图1.37所示。当不同直径的带肋钢筋采用挤压接头连接时,若套筒两端外径和壁厚相同,则被连接钢筋的直径相差不应超过5 mm。

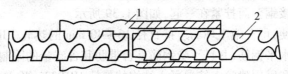

图1.37　钢筋径向挤压
1—钢套管;2—钢筋

挤压连接工艺流程:钢筋套筒检验→钢筋断料→刻画钢筋套入长度定出标记→套筒套入钢筋→安装挤压机→开动液压泵→逐渐加压套筒至接头成型→卸下挤压机→接头外形检查。

(2)带肋钢筋套筒轴向挤压连接。钢筋轴向挤压连接,是采用挤压机与压模对钢套筒及插入的两根对接钢筋,沿其轴向方向进行挤压,使套筒咬合至带肋钢筋的肋间,使其结合成一体,如图1.38所示。

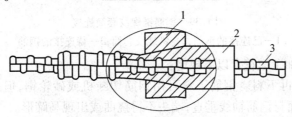

图1.38　钢筋轴向挤压
1—压模;2—钢套管;3—钢筋

(3)带肋钢筋套筒径向挤压连接应符合以下要求:

①钢套筒的屈服承载力和抗拉承载力应大于钢筋的屈服承载力与抗拉承载力的1.1倍。

②套筒的材料及几何尺寸应符合检验认定的技术要求,并应有相应的出厂合格证。

③钢筋端头的锈、泥沙、油污以及杂物都应清理干净,端头要直、面宜平,不同直径钢筋的套筒不得相互串用。

④钢筋端头要画出标记,用来检查钢筋伸入套筒内的长度。

⑤挤压后钢筋端头离套筒中线不应大于10 mm,压痕间距应为1～6 mm,挤压后套筒长度应增长为原套筒的1.10～1.15倍,挤压之后压痕处套筒的最小外径应为原套筒外径的85%～90%。

⑥接头处弯折角度不得大于4°。

⑦接头处不得有肉眼可见裂纹和过压现象。

⑧现场每500个相同规格、相同制作条件的接头为1个验收批,抽取不少于3个试件(每结构层中不应少于1个试件)作抗拉强度检验。若1个不合格,则应取双倍试件送试,若再有不合格,则该批挤压接头评为不合格。

第15讲　钢筋锥螺纹套筒连接

锥螺纹钢筋接头是利用锥形螺纹能承受轴向力和水平力以及密封性能较好的原理,依靠机械力将钢筋连接在一起。操作时,先用专用套丝机将钢筋的待连接端加工成锥形外螺纹;然后,借助带锥形内螺纹的钢连接套筒将2根待接钢筋连接;最后借助力矩扳手按规定的力矩值使钢筋和连接钢套筒拧紧在一起,如图1.39所示。

这种接头工艺简便,可在施工现场连接直径16～40 mm的热轧HRB335级、HRB400级同径和异径的竖向或水平钢筋,并且不受钢筋是否带肋和含碳量的限制。适用于按一、二级抗震等级设计的工业和民用建筑钢筋混凝土结构的热轧HRB335级、HRB400级钢筋的连接施工。但是不得用于预应力钢筋的连接。对于直接承受动荷载的结构构件,其接头还应符合抗疲劳性能等设计要求。锥螺纹连接套筒的材料宜采用45号优质碳素结构钢或者其他经试验确认符合要求的钢材制成,其抗拉承载力不应小于被连接钢筋受拉承载力标准值的1.10倍。

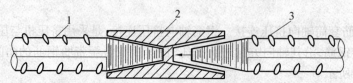

图1.39　钢筋锥螺纹套筒连接

1—已连接的钢筋;2—锥螺纹套筒;3—待连接的钢筋

(1)钢筋锥螺纹加工应符合以下规定:

①钢筋应先调直再下料。钢筋下料可用钢筋切断机或砂轮锯,但是不得用气割下料。下料时,要求切口端面与钢筋轴线垂直,端头不得挠曲或出现马蹄形。

②加工好的钢筋锥螺纹丝头的锥度、牙形以及螺距等必须与连接套的锥度、牙形、螺距一致,并应进行质量检验。检验内容包括:

a. 锥螺纹丝头牙形检验;

b. 锥螺纹丝头锥度和小端直径检验。

③其加工工艺为:下料→套丝→用牙形规和卡规(或环规)逐个检查钢筋套丝质量→质量合格的丝头用塑料保护帽盖封→待查和待用。锥螺纹的完整牙数,不得小于表1.16的规定值。

表 1.16　钢筋锥螺纹完整牙数表

钢筋盲径/mm	16~18	20~22	25~28	32	36	40
完整牙数	5	7	8	10	11	12

④钢筋经检验合格后,方可在套丝机上加工锥螺纹。为保证钢筋的套丝质量,操作人员必须坚持上岗证制度。操作前应先调整好定位尺,并按照钢筋规格配置相对应的加工导向套。对于大直径钢筋要分次加工到规定的尺寸,以确保螺纹的精度和避免损坏梳刀。

⑤钢筋套丝时,必须采用水溶性切削冷却润滑液,当气温在零下时,应掺入 15%~20% 亚硝酸钠,不得采用机油作冷却润滑液。

(2)钢筋连接。连接钢筋之前,先回收钢筋待连接端的保护帽与连接套上的密封盖,并检查钢筋规格是否与连接套规格相同,检查锥螺纹丝头是否完好无损、有无杂质。

连接钢筋时,应先将已拧好连接套的一端钢筋对正轴线拧到被连接的钢筋上,然后用力矩扳手按规定的力矩值把钢筋接头拧紧,不得超拧,以避免损坏接头丝扣。拧紧后的接头应画上油漆标记,以防有的钢筋接头漏拧。锥螺纹钢筋连接方法,如图 1.40 所示。

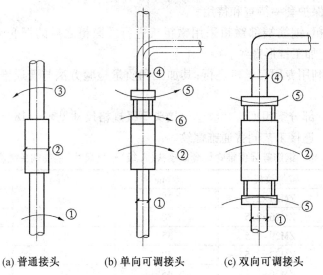

(a) 普通接头　　　　(b) 单向可调接头　　　　(c) 双向可调接头

图 1.40　锥螺纹钢筋连接方法
①、④—钢筋;②—连接套筒;③、⑥—可调套筒;⑤—锁母

拧紧时要拧到规定扭矩值,当测力扳手发出指示响声时,才认为达到了规定的扭矩值。锥螺纹接头拧紧力矩值见表 1.17,但不得加长扳手杆来拧紧。质量检验和施工安装使用的力矩扳手应分开使用,不得混用。

表 1.17　连接钢筋拧紧力矩值

钢筋直径/ mm	16	18	20	22	25~28	32	36~40
扭紧力矩/N·m	118	147	177	216	275	314	343

在构件受拉区段内,同一截面连接接头数量不宜大于钢筋总数的 50%;受压区不受限制。连接头的错开间距大于 500 mm,保护层不得小于 15 mm,且钢筋间净距应大于 50 mm。

在正式安装前要做 3 个试件,进行基本性能试验。如果有 1 个试件不合格,应取双倍试件进行试验,若仍有 1 个不合格,则该批加工的接头为不合格,在工程中禁止使用。

对连接套应有出厂合格证和质保书。每批接头的基本试验应有试验报告。连接套和钢筋应配套一致。连接套应有钢印标记。

安装完毕之后,质量检测员应用自用的专用测力扳手对拧紧的扭矩值加以抽检。

第16讲　镦粗型锥螺纹连接

镦粗型锥螺纹连接在加工锥螺纹前,先对钢筋的连接端部进行冷镦粗,然后把冷镦粗段加工成锥螺纹丝头,再把钢筋丝头穿入已加工有锥形内螺纹的连接套筒,最后采用力矩扳手将钢筋同连接套筒拧紧成为一体。冷镦粗之后的钢筋接头,不仅截面尺寸大于母材,而且接头强度也大于相应钢筋母材的强度。镦粗型锥螺纹接头的锥坡度是1∶10,其接头性能可符合A级要求。

(1)钢筋加工应符合以下要求:

①钢筋加工之前需先进行调直,再用砂轮锯下料(不得用气割)。切口端面垂直于钢筋轴线。

②加工流程为:下料→镦粗→套丝→逐个检查套丝质量(用牙形规、卡规或环规)→质量合格的丝头加塑料保护套→待查和待用。

③钢筋端部镦粗:钢筋端部镦粗采用镦粗机进行。镦粗之后的钢筋端头,经检验合格后,方可在套丝机上加工锥形螺纹。

④丝头的加工利用专用套丝机进行;其加工和质量检验方法与普通锥螺纹连接技术相同。

(2)套筒加工。部分镦粗型锥螺纹套筒接头等级规格尺寸见表1.18。

(3)连接工艺。连接工艺同普通锥螺纹。

表1.18　钢筋等强度锥螺纹套筒接头(A级)规格尺寸(钢筋端头镦粗)

钢筋公称直径	锥螺纹尺寸	l/mm	L/mm	D/mm
φ20	ZM24×2.5	25	60	34
φ22	ZM26×2.5	30	70	36
φ25	ZM29×2.5	35	80	39
φ28	ZM32×2.5	40	90	43
φ32	ZM36×2.5	45	100	48
φ36	ZM40×2.5	50	110	52
φ40	ZM44×2.5	55	120	56

钢筋普通锥螺纹套筒接头(B级)规格尺寸

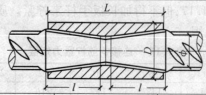

钢筋公称直径	锥螺纹尺寸	l/mm	L/mm	D/mm
φ18	ZM19×2.5	25	60	28
φ20	ZM21×2.5	28	65	30
φ22	ZM23×2.5	32	70	32
φ25	ZM26×2.5	37	80	35

续表 1.18

钢筋公称直径	锥螺纹尺寸	l/mm	L/mm	D/mm
$\phi28$	ZM29×2.5	42	90	38
$\phi32$	ZM33×2.5	47	100	44
$\phi36$	ZM37×2.5	52	110	48
$\phi40$	ZM41×2.5	57	120	52

第 17 讲　钢筋冷镦粗直螺纹套筒连接

镦粗直螺纹接头工艺是先利用冷镦粗机将钢筋端部镦粗,再用套丝机在钢筋端部的镦粗段上加工直螺纹,然后用连接套筒将两根钢筋对接。因为钢筋端部冷镦后,不仅截面加大,而且强度也有提高。加之,钢筋端部加工直螺纹之后,其螺纹底部的最小直径,应不小于钢筋母材的直径。所以,该接头可与钢筋母材等强,见表 1.19。

表 1.19　预压端头检验

检测规简图	钢筋规格	A	B
	$\phi16$	17.0	14.5
	$\phi18$	18.5	16.0
	$\phi20$	19.0	17.5
	$\phi22$	22.0	19.0
	$\phi25$	25.0	22.0
	$\phi28$	27.5	24.5
	$\phi32$	31.5	28.0
	$\phi36$	35.5	31.5
	$\phi40$	39.5	35.0

注:预压后的钢筋端头圆锥体小端直径大于 13 且小于 A 即为合格。

1.5　焊接接头无损检测技术

第 18 讲　超声波检测法

钢筋为一种带肋棒状材料。钢筋气压焊接头的缺陷一般呈平面状存在于压焊面上,而且探伤工作只能在施工现场进行。所以,采用脉冲波双探头反射法在钢筋纵肋上进行探查是切实可行的。

(1)检测原理。当发射探头对接头射入超声波时,不完全接合部分对入射波进行反射,而此反射波又被接收探头接收。因为接头抗拉强度与反射波强弱有很好的相关关系,所以可以利用反射波的强弱来推断接头的抗拉强度,从而保证接头是否合格。

(2)检测方法。使用气压焊专用简易探伤仪的检测步骤:

①纵筋的处理:用纱布或者磨光机把接头镦粗两侧 100～150 mm 范围内的纵向肋清理干净,并涂上耦合剂。

②测超声波最大的透过值:把两个探头分别置于镦粗同侧的两条纵肋上,反复移动探头,找到超声波最大透过量的位置,然后调整探伤仪衰减器旋钮,直到在超声波最大透过量

时,显示屏幕上的竖条数为5条为止。

同材质同直径的钢筋,每测20个接头或每隔1 h要重复进行一次这项操作。不同材质或者不同直径的钢筋也要重复进行这项操作。

③检测操作:如图1.41所示,将发射探头与接收探头的振子都朝向接头接合面。将发射探头依次放在钢筋同一肋的以下3个位置上:①接近镦粗处;②距接合面1.4d处;③距接合面2d处。

发射探头在每一个位置,均要用接收探头在另一条肋上由位置①至位置③之间来回走查。检查应在两条肋上各进行一次。

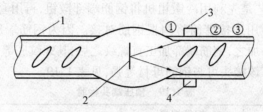

图1.41　沿纵肋二探头K形走查法
1—钢筋纵肋;2—不完全接合部;3—发射探头;4—接收探头

④合格判定:在整个K形走查过程中,如始终没有在探伤仪的显示屏上稳定地出现3条或者3条以上的竖线,即为判定合格。只有两条肋上检查都合格时,才能认为该接头合格。

若显示屏上稳定地出现3条或3条以上竖线时,探伤仪即会发出嘟嘟的报警声,判定为不合格。这时可将探伤仪声程值按钮打开,读出声程值。根据声程值确定缺陷所在的部位。

第19讲　无损张拉检测

钢筋接头无损张拉检测技术主要用于施工现场钢筋接长的普查。它具有快速、轻便、无损、直观、可靠和经济的优点,适用于各种焊接接头,如电渣压力焊、气压焊、闪光对焊、电弧焊、搭接焊的接头等以及多种机械连接接头,如锥形螺纹接头与套管挤压接头等。

(1)无损张拉检测仪。无损张拉检测仪实际上就是一种直接安装在被测钢筋接头上的微型拉力机。它由拉筋器、高压油管以及手动油泵组成。拉筋器为积木式结构,安装在被测钢筋上。它是由上下锚具、垫座、油缸以及百分表等测量杆件组成。当手动泵加压时,油缸顶升锚具,使钢筋及其接头拉伸,直到预定的拉力。拉力与变形分别由压力表和百分表显示。

检测仪的主要性能及测量精度见表1.20。一般测试时只用一个百分表,精确测量时由两个前后等距的百分表测量取平均值。所加拉力和压力表读数之间的关系应事先标定。

表1.20　检测仪的主要性能和测量精度

机型	可测钢筋直径 /mm	额定拉力 /kN	油缸行程 /mm	拉筋器厚度 /mm	压力表精度 /MPa	百分表精度 /mm
ZL–Ⅰ	$\phi16 \sim \phi36$	400	50	110	1.5	0.01
ZL–Ⅱ	$\phi12 \sim \phi25$	250	50	86	1.5	0.01

(2)无损张拉试验。在安装检测仪后,将油泵卸荷阀闭死。开始加压时,加压速度控制

在0.5～1.5 MPa/次,使压力表读数平稳上升,当升到钢筋公称屈服拉力 P_0(或某个设定的非破损拉力)时,同时记录百分表和压力表的读数,并借助5倍放大镜仔细观察接头的状况。

（3）评定标准。每一种接头的抽检数量不应少于本批制作接头总数的2%,但至少应抽检3个。

无损张拉试验结果,必须同时符合下列三个条件,才能判定为无损张拉检测的合格接头：

①能拉伸至公称屈服点；

②在公称屈服拉力下接头没有破损,也没有细致裂纹和接头声响等异常现象；

③屈服伸长率基本正常,对于 HRB335 级钢筋暂定为 0.15%～0.6%。

不满足上述条件之一者判定为不合格件,可取双倍数量复验。

根据标准的有关规定,钢筋焊接接头的试验检验项目、检验批划分以及取样规定见表1.21。

表1.21　钢筋焊接接头的检验

焊接类型	试验检验项目	检验批划分	取样规定
点焊	抗拉强度 抗剪强度 弯曲试验	凡钢筋混牌号、直径及尺寸相同的焊接骨架和焊接网片应视为同一类型制品,且每300件为一验收批,一周不足300件的也按一批计	试件应从成品中切取。当焊接骨架所切取试件的尺寸小于规定的试件尺寸,或受力钢筋大于8 mm时,可在生产过程中焊接试验网片,从中切取试件； 由几种钢筋直径组合的焊接骨架或焊接网,应对每种组合做力学性能检验； 热轧钢筋焊点,应作抗剪试验,试件数量3件;冷轧带肋钢筋做抗剪试验外,尚应对纵向和横行冷轧带肋钢筋作拉伸试验,试件应各为1件。剪切试件纵筋长度应大于或等于290 mm,横筋长度应大于或等于50 mm;拉伸试件纵筋长度应大于或等于300 mm； 焊接网剪切试件应沿同一横向钢筋随机切取
闪光对焊	抗拉强度 弯曲试验	同一台班由同一焊工完成的300个同牌号、同直径钢筋焊接接头应作为一批。当同一台班内焊接的接头数量较少,可在一周内累计计算;累计仍不足300个接头时,也按一批计	力学性能试验时,应从每批接头中随机切取6个接头,其中3个做拉伸试验,3个做弯曲试验； 焊接等长预应力钢筋(包括螺丝杆与钢筋)可按生产条件作模拟试件； 当模拟试件试验结果不符合要求时,应进行复验。复验应从现场焊接接头中切取,其数量和要求与初试时相同

续表 1.21

焊接类型	试验检验项目	检验批划分	取样规定
电弧焊	抗拉强度	在现浇混凝土结构中,应以300个同牌号钢筋、同型式接头作为一批;在房屋结构中,应在不超过二楼层中300个同牌号钢筋接头作为一批;在装配式结构中,可按生产条件制作模拟试件	每批随机切取3个接头做拉伸试验 在同一批中,若有几种不同直径的钢筋焊接接头,应在最大直径接头中切取3个试件
电渣压力焊	抗拉强度	在现浇混凝土结构中,应以300个同牌号钢筋接头作为一批;在房屋结构中,应在不超过二楼层中300个同牌号钢筋接头作为一批;当不足300个接头时,仍应作为一批	每批随机切取3个接头做拉伸试验 在同一批中,若有几种不同直径的钢筋焊接接头,应在最大直径接头中切取3个试件
气压焊	抗拉强度 弯曲试验(梁、板的水平筋连接)	在现浇混凝土结构中,应以300个同牌号钢筋接头作为一批;在房屋结构中,应在不超过二楼层中300个同牌号钢筋接头作为一批;当不足300个接头时,仍应作为一批	在柱、墙的竖向钢筋连接中,应从每批接头中随机切取3个接头做拉伸试验(抗拉强度);在梁、板的水平钢筋连接中,应另取3个接头做弯曲试验 在同一批中,若有几种不同直径的钢筋焊接接头,应在最大直径钢筋接头中切取3个试件
预埋件钢筋T型焊接	抗拉强度	应以300件同类型预埋件作为一批。一周内连续焊接时,可累计计算。当不足300件时,亦应按一批计算	从每批预埋件中切取3个接头做拉伸试验(抗拉强度),试件和钢筋长度应大于或等于200 mm,钢板的长度和宽度应大于或等于60 mm

在《钢筋焊接及验收规程》(JGJ 18—2012)中规定:

钢筋焊接接头或焊接制品(焊接骨架、焊接网)应按检验批进行质量检验与验收。检验批的划分应符合本规程第5.2~5.8节的有关规定。质量检验与验收应包括外观质量检查和力学性能检验,并划分为主控项目和一般项目两类。

纵向受力钢筋焊接接头验收中,闪光对焊接头、电弧焊接头、电渣压力焊接头、气压焊接头和非纵向受力箍筋闪光对焊接头、预埋件钢筋T形接头的连接方式应符合设计要求,并应全数检查,检查方法为目视观察。焊接接头力学性能检验应为主控项目。焊接接头的外观质量检查应为一般项目。不属于专门规定的电阻焊点和钢筋与钢板电弧搭接焊接头可只做外观质量检查,属一般项目。

纵向受力钢筋焊接接头、箍筋闪光对焊接头、预埋件钢筋T形接头的外观质量检查应符合下列规定：

纵向受力钢筋焊接接头，每一检验批中应随机抽取 10% 的焊接接头；箍筋闪光对焊接头和预埋件钢筋 T 形接头应随机抽取 5% 的焊接接头。检查结果，外观质量应符合本节中相关规定。

焊接接头外观质量检查时，首先应由焊工对所焊接头或制品进行自检；在自检合格的基础上由施工单位项目专业质量检查员检查，并将检查结果填写于本规程附录 A"钢筋焊接接头检验批质量验收记录。"

外观质量检查结果，当各小项不合格数均小于或等于抽检数的 15%，则该批焊接接头外观质量评为合格；当某一小项不合格数超过抽检数的 15% 时，应对该批焊接接头该小项逐个进行复检，并剔出不合格接头。对外观质量检查不合格接头采取修整或补焊措施后，可提交二次验收。

钢筋闪光对焊接头、电弧焊接头、电渣压力焊接头、气压焊接头、箍筋闪光对焊接头、预埋件钢筋 T 形接头的拉伸试验，应从每一检验批接头中随机切取三个接头进行试验并应按下列规定对试验结果进行评定（符合下列条件之一，应评定该检验批接头拉伸试验合格）

3 个试件均断于钢筋母材，呈延性断裂，其抗拉强度大于或等于钢筋母材抗拉强度标准值。

2 个试件断于钢筋母材，呈延性断裂，其抗拉强度大于或等于钢筋母材抗拉强度标准值；另一试件断于焊缝，呈脆性断裂，其抗拉强度大于或等于钢筋母材抗拉强度标准值的 1.0 倍。

注：试件断于热影响区，呈延性断裂，应视作与断于钢筋母材等同；试件断于热影响区，呈脆性断裂，应视作与断于焊缝等同。

符合下列条件之一，应进行复验：

2 个试件断于钢筋母材，呈延性断裂，其抗拉强度大于或等于钢筋母材抗拉强度标准值；另一试件断于焊缝，或热影响区。呈脆性断裂，其抗拉强度小于钢筋母材抗拉强度标准值的 1.0 倍。

1 个试件断于钢筋母材，呈延性断裂，其抗拉强度大于或等于钢筋母材抗拉强度标准值：另 2 个试件断于焊缝或热影响区，呈脆性断裂。

3 个试件均断于焊缝，呈脆性断裂，其抗拉强度均大于或等于钢筋母材抗拉强度标准值的 1.0 倍，应进行复验。当 3 个试件中有 1 个试件抗拉强度小于钢筋母材抗拉强度标准值的 1.0 倍，应评定该检验批接头拉伸试验不合格。

复验时，应切取 6 个试件进行试验。试验结果若有 4 个或 4 个以上试件断于钢筋母材，呈延性断裂，其抗拉强度大于或等于钢筋母材抗拉强度标准值，另 2 个或 2 个以下试件断于焊缝，呈脆性断裂，其抗拉强度大于或等于钢筋母材抗拉强度标准值的 1.0 倍，应评定该检验批接头拉伸试验复验合格。

可焊接余热处理钢筋 RRB400W 焊接接头拉伸试验结果，其抗拉强度应符合同级别热轧带肋钢筋抗拉强度标准值 540 MPa 的规定。

预埋件钢筋 T 形接头拉伸试验结果，3 个试件的抗拉强度均大于或等于表 1.22 的规定值时，应评定该检验批接头拉伸试验合格。若有一个接头试件抗拉强度小于表 1.22 的规定值时，应进行复验。

复验时,应切取6个试件进行试验。复验结果,其抗拉强度均大于或等于表1.22的规定值时,应评定该检验批接头拉伸试验复验合格。

表1.22 预埋件钢筋T形接头抗拉强度规定值

钢筋牌号	抗拉强度规定值/MPa
HPB300	100
HR8335、HRBF335	435
HRB400.HRBF400	520
HRB500、HRBF500	610
HRB400W	520

钢筋闪光对焊接头、气压焊接头进行弯曲试验时,应从每一个检验批接头中随机切取3个接头,焊缝应处于弯曲中心点,弯心直径和弯曲角度应符合表1.23的规定。

表1.23 弯曲试验指标

钢筋牌号	弯心直径	弯曲角度/°	钢筋牌号	弯心直径	弯曲角度/°
HPB300	$2d$	90	HRB400、RRB400	$5d$	90
HRB335	$4d$	90	HRB500	$5d$	90

注:d 为钢筋直径(mm);直径大于25 mm的钢筋焊接接头,弯心直径应增加1倍钢筋直径。

弯曲试验结果应按下列规定进行评定:

当试验结果,弯曲至90°,有2个或3个试件外侧(含焊缝和热影响区)未发生宽度达到0.5 mm的裂纹,应评定该检验批接头弯曲试验合格。

当有2个试件发生宽度达到0.5 mm的裂纹,应进行复验。

当有3个试件发生宽度达到0.5 mm的裂纹,应评定该检验批接头弯曲试验不合格。

复验时,应切取6个试件进行试验。复验结果,当不超过2个试件发生宽度达到0.5 mm的裂纹时,应评定该检验批接头弯曲试验复验合格,见表1.24。

表1.24 拉伸试验的尺寸

焊接方法		接头形式	试样尺寸/mm	
			l_s	$L \geqslant$
电阻点焊			—	$300l_s+2l_j$
闪光对焊			$8d$	l_s+2l_j
电弧焊	双面帮条焊		$8d+2l_h$	l_s+2l_j

续表 1.24

焊接方法		接头形式	试样尺寸/mm	
			l_s	$L \geqslant$
电弧焊	单面帮条焊		$5d+l_h$	l_s+2l_j
	双面搭接焊		$8d+l_h$	l_s+2l_j
	单面搭接焊		$5d+l_h$	l_s+2l_j
	熔槽帮条焊		$8d+l_h$	l_s+2l_j
	坡口焊		$8d$	l_s+2l_j
	窄间隙焊		$8d$	l_s+2l_j
电渣压力焊			$8d$	l_s+2l_j
气压焊			$8d$	l_s+2l_j
预埋件电弧焊				
预埋件埋弧压力焊			—	−200

注:l_s——受试长度;

　　l_h——焊缝(或镦粗)长度;

　　l_j——夹持长度(100 ~ 200 mm);

　　L——试样长度。

1.6　钢筋工程冬期焊接施工

第20讲　闪光对焊工艺要点

（1）热轧钢筋负温闪光对焊，宜采用预热—闪光焊或闪光—预热—闪光焊工艺。钢筋端面比较平整时，宜采用预热—闪光焊；端面不平整时，宜采用闪光—预热—闪光焊。

（2）钢筋钢温闪光对焊工艺应控制热影响区长度；焊接参数应根据法地气温按常温参数调数，按照以下措施调整取用：

①增大调伸长度，并预热留量。

②采用较低焊接变压器级数。

③增加预热次数和延长预热间歇时间及预热接触压力。

④宜使烧化过程的中期速度减慢。

（3）对预热处理钢筋，负温条件下闪光对焊的工艺及有关焊接参数可按常温焊接的有关规定执行。

第21讲　电弧焊工艺要点

（1）钢筋负温电弧焊可根据钢筋牌号、直径、接头形式以及焊接位置选择焊条和焊接电流。焊接时应采取防止产生过热、烧伤、咬肉以及裂缝等措施。

（2）钢筋负温电弧焊宜采取分层控制施焊。热轧钢筋焊接的层间温度宜控制在150～350 ℃。

（3）钢筋负温帮条焊或搭接焊的焊接工艺应符合以下规定：

①帮条与主筋之间应采用四点定位焊固定，搭接焊时应采用两点固定；定位焊缝与帮条或搭接端部的距离不应小于20 mm。

②帮条焊的引弧应在帮条钢筋的一端开始，收弧应在帮条钢筋端头上，弧坑应填满。

③焊接时，第一层焊缝应具有足够的熔深，主焊缝或定位焊缝应熔合良好；平焊时，第一层焊缝应先从中间引弧，再向两端运弧；立焊时，应先从中间向上方运弧，再从下端向中间运弧；在以后各层焊缝焊接时，应采用分层控温施焊。

④帮条接头或搭接接头的焊缝厚度不应小于钢筋直径的30%，焊缝宽度不应小于钢筋直径的70%。

（4）对HRB335级、HRB400级钢筋的接头用电弧焊进行多层施焊时，可以采用"回火焊道施焊法"，也就是最后回火焊道的长度比前层焊道在两端各缩短4～6 mm，以消除或者减少前层焊道及过热区的淬硬组织，改善接头的性能。

（5）钢筋负温坡口焊的工艺应符合下列规定：

①焊缝根部、坡口端面以及钢筋与钢垫板之间均应熔合，焊接过程中应经常除渣。

②焊接时，宜采用几个接头轮流施焊。

③加强焊缝的宽度应超出V形坡口边缘3 mm；高度应超出V形坡口上下边缘3 mm，并应平缓过渡至钢筋表面。

④加强焊缝的焊接，应分两层控温施焊。

⑤同常温焊接相比,宜增大焊接电流,减慢焊接速度。

第22讲　电渣压力焊工艺要点

(1)电渣压力焊宜用于 HRB335、HRB400 热轧带肋钢筋;

(2)电渣压力焊机容量应根据所焊钢筋直径选定;

(3)焊剂应存放于干燥库房内,在使用前经 250～300 ℃高温烘焙 2 h 以上;

(4)焊接前,应进行现场负温条件下的焊接工艺试验,经检验满足要求后方可正式作业;

(5)电渣压力焊焊接参数可按表 1.25 进行选用;

(6)焊接完毕,应停歇 20 s 以上方可卸下夹具回收焊剂,回收的焊剂内不得混入冰雪,接头渣壳应待冷却后清理。

表 1.25　钢筋负温电渣压力焊焊接参数

钢筋直径 /mm	焊接温度 /℃	焊接电流 /A	焊接电压/V		焊接通电时间/s	
			电弧过程	电渣过程	电弧过程	电渣过程
14～18	−10	300～350	35～45	18～22	20～25	6～8
	−20	350～400				
20	−10	350～400			25～30	8～10
	−20	400～450				
22	−10	400～450				
	−20	500～550				
25	−10	450～500				
	−20	550～600				

注:本表系采用常用 HJ431 焊剂和半自动焊机参数。

第23讲　气压焊工艺要点

(1)在负温条件下施工时,对气源设备应采取保温及防冻措施;当操作环境温度为 −15 ℃以下(至−20 ℃,低于−20 ℃时不宜焊接)时,施焊过程应对钢筋接头采取预热、保温或者缓冷措施。

(2)通常情况下,雪天和风天(超过 3 级风)如遮挡不良,应停止施焊。

(3)对氧乙炔焰发生器和附属工具及使用方法,应按照专门的操作规程进行维护和操作。

2 模板工程施工细部做法

2.1 竹、木散装模板

第24讲 基础模板制作安装

（1）阶梯形独立基础：根据图纸尺寸制作每一阶梯模板，支模顺序从下至上逐层向上安装，先安装底层阶梯模板，用斜撑及水平撑钉牢撑稳；核对模板墨线和标高，配合绑扎钢筋及垫块，再进行上一阶模板安装，重新核对墨线各部位尺寸，并将斜撑、水平支撑及拉杆加以钉紧、撑牢，最后检查拉杆稳固与否，校核基础模板几何尺寸和轴线位置。

（2）杯形独立基础：相似于阶梯形独立基础，不同的是增加一个中心杯芯模，杯口上大下小斜度按工程设计要求制作，芯模安装前应钉成整体，轿杠钉在两侧，中心杯芯模完成后要全面校核中心轴线和标高。

杯形基础应避免中心线不准、杯口模板位移、混凝土浇筑时芯模浮起、拆模时芯模拆不出的现象。

（3）预控措施。

①中心线位置标高要准确，支上段模板时采用抬轿杠，可以使位置准确，托木的作用是将轿杠和下段混凝土隔开少许，便于混凝土面拍平。

②杯芯模要刨光直拼，芯模外表面涂隔离剂，底部再钻几个小孔，以便于排气，减少浮力。浇筑混凝土时，在芯模四周要对称均匀下料及振捣密实。拆除杯芯模板，通常在初凝前后即可用锤轻打，拔棍拨动。

（4）条形基础模板：侧板与端头板制成后，应先在基槽底弹出中心线、基础边线，再把侧板和端头板对准边线和中线，通过水平仪抄测校正侧板顶面水平，经检测无误后，用斜撑、水平撑及拉撑钉牢。

条形基础要防止沿基础通长方向模板上口不直、宽度不够、下口陷入混凝土内，在拆模时上段混凝土缺损、底部钉模不牢的现象。

（5）预控措施。

①模板应有足够的强度、刚度以及稳定性，支模时垂直度要准确。

②模板上口应钉木带，以控制带形基础上口宽度，并通长拉线，确保上口平直。

③隔一定间距，把上段模板下口支承在钢筋支架上。

④支撑直接在土坑边时，在下面应垫以木板，以扩大其承力面，两块模板长向接头处应加拼条，使板面平整，连接牢固。

第25讲 柱模板安装

（1）按图纸尺寸制作柱侧模板之后，按放线位置钉好压脚板再安装柱模板，两垂直向加斜拉顶撑,校正垂直度和柱顶对角线。

（2）安装柱箍:柱箍应依据柱模尺寸、侧压力的大小等因素进行设计选择（有木箍、钢筋以及钢木箍等）。柱箍间距、柱箍材料及对拉螺栓直径均应通过计算来确定。

（3）防止胀模、断面尺寸鼓出、漏浆、混凝土不密实,或蜂窝麻面、偏斜及柱身扭曲现象。

（4）预控措施。

①依据柱箍间距要求钉牢固。

②成排柱模支模时,应先立两端柱模,校直及复核位置无误后,顶部拉通长线,再立中间柱模。

③四周斜撑要牢固。

第26讲　梁模板安装

（1）在柱子上弹出轴线、梁位置及水平钱,钉柱头模板。

（2）梁底模板:按设计标高调整支柱的标高,之后安装梁底模板,并拉线找平。当梁底板跨度≥4 m时,跨中梁底处应根据设计要求起拱,如设计无要求时,起拱高度为梁跨度的1/1 000～3/1 000。主次梁交接时,先主梁起拱,之后次梁起拱。

（3）梁下支柱支撑在基土面上时,应对基土平整夯实,符合承载力要求,并加木垫板或混凝土垫板等有效措施,保证混凝土在浇筑过程中不会发生支撑下沉。

（4）支撑楼层高度在4.5 m以下时,应设二道水平拉杆及剪力撑,若楼层高度在4.5 m以上时要另行作施工方案。

（5）梁侧模板:依据墨线安装梁侧模板、压脚板、斜撑等,梁侧模板制作高度应依据梁高及楼板模板来确定。当梁高大于750 mm时,梁侧模板加穿梁螺栓加固。

（6）防止梁身不平直、梁底不平及下挠、梁侧模胀模、局部模板嵌入柱梁间、拆除困难的现象。

（7）预控措施。

①支模时应遵照边模包底模的原则,梁模与柱模连接处,下料尺寸通常应略为缩短。

②梁侧模必须压脚板、斜撑以及拉线通直后将梁侧钉牢,梁底模板起拱。

③混凝土浇筑时,应将模内清理干净,并且浇水湿润,如图2.1所示。

第27讲　剪力墙模板安装

（1）按位置线安装门洞模板,下预埋件或者木砖。

（2）将一面模板按位置线就位,然后安装拉杆或者斜撑,安装塑料套管及穿墙螺栓,穿墙螺栓规格及间距在模板设计时应明确。

（3）清扫墙内杂物,再安装另一侧模板,调整斜撑（拉杆）使模板垂直后,拧紧穿墙螺栓。

（4）模板安装完毕之后,检查一遍扣件、螺栓是否紧固,模板拼缝及下口是否严密。

（5）墙模板宜把木方作竖肋,双根 φ48×3.5 钢管或者双根槽钢做水平背楞。

（6）墙模板立缝、角缝宜设在木方和胶合板所形成的企口位置,避免漏浆和错台。墙模板的水平缝背面应加木方拼接。

（7）墙模板的吊钩设在模板上部,吊钩铁件的连接螺栓应将面板和竖肋木方连接在一起。

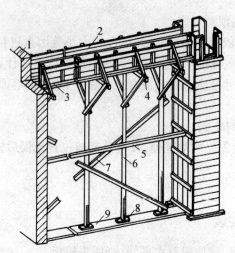

图 2.1　梁模板的安装
1—砖墙;2—侧板;3—夹木;4—斜撑;5—水平撑;
6—琵琶撑;7—剪刀撑;8—木楔;9—垫板

（8）防止墙体混凝土厚薄不一致,墙体上口过大,混凝土墙体表面黏连,角模和大模板缝隙过大跑浆,角模入墙过深,门窗洞口变形。

（9）预控措施。

①墙身放线应准确,误差控制在允许范围之内,模板就位调整应认真,穿墙螺栓要全部穿齐、拧紧,上口卡具按照设计要求尺寸卡紧。

②模板拼装时缝隙过大,连接固定措施不牢固,应加强检查,及时进行处理。

③模板清理干净,隔离剂涂刷均匀,不能拆模过早。

④门窗洞口模板的组装和固定要牢固,必须认真进行洞口模板设计,能够确保尺寸,便于装拆。

第28讲　楼面模板安装

（1）根据模板的排列图架设支柱和龙骨。支柱和龙骨的间距应根据楼板混凝土质量与施工荷载的大小,在模板设计中确定。一般支柱为 800 ~ 1 200 mm,大龙骨间距为 600 ~ 1 200 mm,小龙骨间距为 400 ~ 600 mm。支柱排列要考虑设置施工通道。

（2）底层地面应夯实,并且铺垫脚板。采用多层支梁支模时,支柱应垂直,上下层支柱应在同一竖向中心线上,各层支柱间的水平拉杆及剪力撑要加强。

（3）通线调节支柱的高度,把大龙骨找平,架设小龙骨。

（4）铺设模板时可由四周铺起,在中间收口。楼板模板压在梁侧模时,角位模板应通线钉固。

（5）楼面模板铺完后,应认真检查支架牢固与否,模板梁面、板面应清扫干净。

（6）板模板应避免板中部下挠、板底混凝土面不平的现象。

（7）预控措施。

①楼板模板厚度要一致,搁栅木料要有足够的强度及刚度,搁栅面要平整,板模要起拱。

②支顶要符合保证项目要求。

2.2　定型组合模板

第29讲　墙体组合大钢模板安装与拆除

(1)墙体组合大钢模板施工工艺流程如图2.2所示。

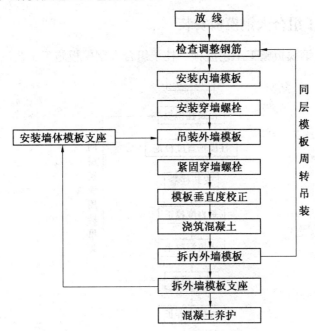

图2.2　墙体组合大钢模板施工工艺流程

(2)墙体组合大钢模板的安装。

①在下层墙体混凝土强度不低于7.5 MPa时,开始安装上层模板,借助下一层外墙螺栓孔眼安装挂架。

②在内墙模板的外端头安装活动堵头模板,可通过木方或铁板根据墙厚制作,模板要严密,防止浇筑时混凝土漏浆。

③先安装外墙内侧模板,根据楼板上的位置线将大钢模板就位找正,然后安装门窗洞口模板。

④合模之前将钢筋、水电等预埋件进行隐检。

⑤安装外墙外侧模,模板安装在挂架上,紧固穿墙螺栓,施工过程中要确保模板上下连接处严密,牢固可靠,避免出现错台和漏浆现象。

(3)墙体组合大钢板的拆除。

①模板应在混凝土强度能够确保结构不变形、棱角完整时方可拆除;冬季施工时要根据设计要求和冬施方案确定拆模时间。

②模板拆除时首先拆下穿墙螺栓,再将地脚螺栓松开,使模板向后倾斜与墙体脱开。如果模板与混凝土墙面吸附或者黏结不能离开时,可用撬棍撬动模板下口,不得在墙上口撬模板或用大锤砸模板,应保证拆模时不晃动混凝土墙体,尤其是在拆门窗洞口模板时不得用大

锤砸模板。

③模板拆除之后,应清扫模板平台上的杂物,检查模板是否有钩挂兜绊的地方,然后将模板吊出。

④大钢模板吊至存放地点,必须一次放稳,按设计计算确定的自稳角要求存放,及时清理板面,涂刷隔离剂,防止黏连灰浆。

⑤大钢模板应定时进行检查及维修,保证使用质量。

第30讲　柱子组合大钢模板安装

(1)柱子组合大钢模板施工工艺流程。柱子组合大钢模板施工工艺流程如图2.3所示。

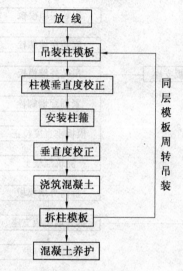

图2.3　柱子组合大钢模板施工工艺流程

(2)柱子组合大钢模板的安装。

①柱子位置弹线要准确,柱子模板的下口以砂浆找平,确保柱子模板下口的平直。

②柱箍要有足够的刚度,避免在浇筑混凝土过程中模板变形;柱箍的间距布置合理,一般为600 mm或900 mm。

③斜撑安装牢固,避免在浇筑过程中柱身整体发生变形。

④柱角安装牢固、严密,防止漏浆。

(3)柱子组合大钢模的拆除。先拆除斜撑,然后拆柱箍,以撬棍拆离每面柱模,然后用塔吊吊离,使用后的模板应及时清理,涂刷隔离剂,按照规格放置。

第31讲　墙体钢框胶合板模板安装与拆除

(1)墙体钢框胶合板模板安装工艺流程。

安装前检查→安装门窗洞口模板→侧模板吊装就位→安装斜撑→安装穿墙螺栓→吊装另一侧板→安装穿墙螺栓及斜撑→调整模板平直→紧固穿墙螺栓→固定斜撑→与相邻模板连接。

(2)墙体钢框胶合板模板的安装。

①检查墙模安装位置的定位基准面墙线和墙模板的编号,符合图纸要求之后安装门窗

洞口模板及预埋件等。

②将一侧预拼装墙模按位置线吊装就位,安装斜撑或者使用其他工程型斜撑调整至模板与地面成75°,使其稳定座落在基准面上。

③安装穿墙螺栓或者对拉螺栓和套管,使螺栓杆端向上,套管套于螺杆上,清扫墙内杂物。

④用上面同样的方法吊装另一侧模板,使穿墙螺栓穿过模板并且在螺杆端戴上扣件和螺母,然后调整两块模板位置及垂直度,与此同时调整斜撑角度,合格之后,固定斜撑,紧固全部穿墙螺栓的螺母。

模板安装完后、全面检查扣件、螺栓以及斜撑是否紧固稳定,模板拼缝及下口严密与否。

(3)墙体钢框胶合板模板的拆除。

①单块就位组拼墙模先拆除两边的接缝窄条模板,再拆除背楞及穿墙螺栓,然后逐次向墙中心方向逐块拆除。

②整体预组拼模板拆除时,要先拆除穿墙螺栓,调节斜撑支腿丝杠,使地脚离开地面,再拆除组拼模板端部接缝处的窄条模板,然后敲击模板上部,使之与墙体脱离,用撬棍撬组拼模板底边肋,使之全部脱离墙体,用塔吊吊运拆离之后的组拼模板。

第32讲　柱子钢框胶合板模板安装与拆除

(1)柱子钢框胶合板模板安装工艺流程。

①组拼柱模:搭设安装架子→紧装组拼柱模→检查对角线、垂直线和位置→安装柱箍→安装有梁口的柱模板→模板安装质量检查→柱模固定。

②整体预组拼柱膜:吊装装体柱模并检查拼后的质量→吊装就位→安装斜撑→全面质量检查→柱模固定。

(2)柱子钢框胶合板模板的安装。

①组拼柱模的安装。将柱子的四面模板就位组拼好,每面带一阴角模或者连接角模,用U形卡正反交替连接;使柱模四面按给定柱截面线就位,并且使之垂直,对角线相等;用定型柱箍固定,锲块要到位,销铁插牢;对模板的轴线位移、垂直偏差、对角线以及扭向等全面校正,并安装定型斜撑或一般拉杆和斜撑固定预先埋于楼板中的钢筋环上;检查柱模板的安装质量,最后再进行群体柱子水平拉杆的固定。

②整体吊装柱模的安装。吊装前先检查整体预组拼的柱模上下口的截面尺寸及对角线偏差,连接件、卡件、柱箍的数量及紧固程度。检查柱筋妨碍柱模套装与否,用铁丝将柱顶筋预先内向绑拢,以利柱模由顶部套入。

当整柱模安装于基准面上时,用四根斜撑和柱顶四角连接,另一端锚入地面,校正其中心线、柱边线、柱模桶体扭向及垂直度之后,固定支撑。

当柱高超过6 m时,宜采用多根支撑连成构架,不宜采用单根支撑。

(3)柱子钢框胶合板模板的拆除。分散拆除柱模时应由上而下,分层拆除。拆除第一层时,用木锤或者带橡皮垫的锤向外侧轻击模板上口,使之松动,脱离柱混凝土。依次拆下一层模板,要轻击模板边肋,不可用撬棍从柱角撬离。拆除的模板和配件用绳子绑扎好放在地上。

分片拆除柱模时,要从上口向外侧轻击及轻撬连接角模,使之松动,要适当加设临时支撑,以避免柱模整片倾倒伤人。

第33讲 梁板钢框胶合板安装与拆除

(1)梁钢框胶合板模板安装工艺流程。

弹出梁轴线及水平线并复核→搭设梁模支架→预组拼模板检查→安装梁底模板并起拱→绑扎钢筋→安装梁侧模板→安装侧向支撑或对拉螺栓→检查梁口、符合模板尺寸→与相邻模板连接。

(2)梁板钢框胶合板的安装。

①在柱子混凝土上弹出梁的轴线和水平线,并复核。

②安装梁模支架时,如果首层为土地面,应平整夯实,并有排水措施,铺设通长脚手板。楼地面上的支架立杆宜安装可以调整的支座,楼层间的上下支座应在同一平面位置,梁的支架立杆通常采用双排,以间距600~900 mm为宜;楼板的支架立杆间距900~1 200 mm。支柱上纵肋采用100 mm×100 mm木方,横肋采用50 mm×100 mm木方。支柱中间加横杆或者斜杆连接成整体。

③在支柱上调整预留梁底模的厚度,满足设计要求后,拉线安装梁底模板并找直。

④在底板上绑扎钢筋,经检验合格后,将杂物清除,安装梁侧模板,用梁卡具或安装上下锁口楞及外竖楞,附以斜撑,其间距通常宜为600 mm,当梁高超过600 mm时,需要加腰肋,并用对拉螺栓加固,侧模上口要拉线找直,以定型夹子固定。

⑤复核检查梁模尺寸,同相邻梁柱模板连接固定,安装楼板模板时,在梁侧模及墙膜上连接阴角模,同楼板模板连接固定,逐步向楼板跨中铺设模板。

⑥钢框胶合板模板的相邻两块模板之间用螺栓或者钢销连接,对不够整模数的模板和窄条缝采用拼缝模板或者木方嵌补,确保拼缝严密。

⑦楼板模铺设完之后,用靠尺、塞尺和水平线检查平整度与楼板底标高,同时进行校正。

(3)梁板钢框胶合板的拆除。

①先拆除支架部分拉杆和剪力撑,以便于施工;然后拆除梁与楼板的连接角模及梁侧模,以使相邻模板断连。

②下调支柱顶托架螺杆之后,先拆钩头螺栓,再拆下U形卡,然后用钢钎轻轻撬动模板,将第一块拆下,然后逐块拆除。不得用钢棍或铁锤猛击乱撬,严禁将拆下的模板自由坠落于地面。

③对跨度较大的梁底模板拆除时,应由跨中开始下调支柱托架。然后向两端逐根下调,先拆钩头螺栓,再将U形卡拆下,用钢钎轻轻撬动模板,拆下第一块,然后逐块拆除。不得用钢棍或铁锤猛击乱撬,禁止将拆下的模板自由坠落于地面。

④在拆除梁底模支柱时,应以跨中向两端作业。

第34讲 墙体小钢模的安装与拆除

(1)墙体小钢模安装工艺流程弹墙体位置线→安装洞口模板→安装墙体模板→安装对拉螺栓→安装斜撑→墙体模板固定。

(2)墙体小钢模的安装。

①按照位置线安装门窗洞口模板,安装预埋件。

②把预先拼装好的一面模板按位置线就位,然后安装拉杆或者斜撑,安装套管和穿墙螺栓。

③清扫墙内杂物,安装另一侧模板,调整拉杆或者斜撑,使模板垂直后,拧紧穿墙螺栓。

④模板安装完后,检查一遍扣件、螺栓紧固与否,模板拼缝及下口是否严密,办完预检手续。

(3)墙体小钢模的拆除。先拆除穿墙螺栓等附件,再将拉杆或斜撑拆除,用撬棍轻轻撬动模板,使模板离开墙体,即可将模板运走。

第35讲 柱子小钢模的安装与拆除

(1)柱子小钢模安装工艺流程。

弹柱子位置线→抹找平层→安装小钢模→安装柱箍→安装拉杆斜撑或对拉螺栓→柱横固定。

(2)柱子小钢模的安装。

①按设计标高抹好水泥砂浆找平层,按照位置线做好定位墩台,以保证柱轴线与标高的准确,在柱四边离地50～80 mm处的主筋上焊接支杆,从四面顶住模板,避免位移。

②安装柱模板:通排柱,先安装两端柱,经校正、固定之后拉通线校正中间的各柱。模板按柱子的大小,预拼成一面一片或者两面一片,就位后用铁丝与主筋临时固定,用U形卡将两侧模板连接卡紧,安装完两面之后,再安装另两面模板。

③安装柱箍:柱箍可用角钢或槽钢制作,柱箍应依据柱模尺寸、侧压力大小,在模板设计中确定柱箍尺寸间距。

④安装柱模的拉杆或者斜撑:柱模每边设两根立杆、固定在事先预埋在楼板内的钢筋环上,拉杆或斜撑与地面宜为45°,预埋的钢筋环和柱距离宜为3/4柱高。

⑤将柱模内清理干净,将清扫口封闭,办理柱模预检。

(3)柱子小钢模的拆除。先将柱拉杆或斜撑拆掉,卸掉拉箍,再把连接每片柱横板的U形卡拆掉,然后用撬棍轻轻撬动模板,使模板和混凝土脱离。

2.3 大模板

第36讲 固定式大模板

固定式大模板是我国最早采用的工业化模板。由板面、支撑桁架以及操作平台组成,如图2.4所示。

板面由面板、横肋以及竖肋组成。面板采用4～5 mm厚钢板,横肋用[8槽钢,间距300～330 mm,竖肋用[8槽钢成组对焊接,同支撑桁架连为一体,间距1 000 mm左右。桁架上方铺设脚手板作为操作平台,下方设置可调节模板高度及垂直度的地脚螺栓。

桁架式大模板通用性差。为了解决横墙和纵墙能够同时浇筑混凝土,需要另配角模解决纵、横墙间的接缝处理,如图2.5所示。适用于标准化设计的剪力墙施工,但目前已很少采用。

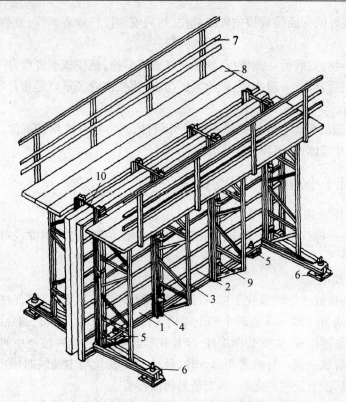

图 2.4　桁架式大模板构造示意图

1—面板；2—水平肋；3—支撑桁架；4—竖肋；

5—水平调整装置；6—垂直调整装置；7—栏杆；

8—脚手板；9—穿墙螺栓；10—固定卡具

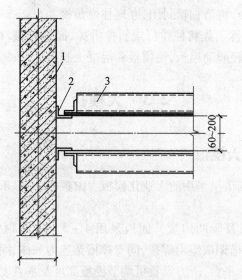

图 2.5　横、纵墙分两次支模

1—已完横墙；2—补缝角模；3—纵墙模板

第37讲 组合式大模板

组合式大模板是一种比较常用的模板形式,它借助固定于大模板上的角模,将纵、横墙模板组装在一起,用以同时浇筑纵、横墙的混凝土,并可通过模数条模板调整大模板的尺寸,以适应不同开间、进深尺寸的变化。

该模板由板面、操作平台、支撑系统及连接件等部分组成,如图2.6所示。

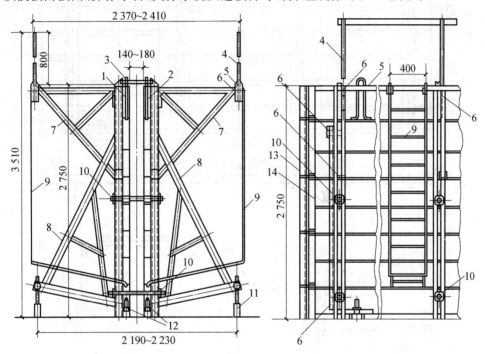

图2.6 大模板构造

1—反向模板;2—正向模板;3—上口卡板;4—活动护身栏;5—爬梯横担;6—螺栓连接;
7—操作平台斜撑;8—支撑架;9—爬梯;10—穿墙螺栓;11—地脚螺栓;12—地脚;
13—反活动角模;14—正活动角模

(1)板面结构。板面系统由面板、竖肋和横肋以及竖向(或横向)背楞(龙骨)所组成,如图2.7所示。

面板通常采用材质 Q235A,厚度 4~6 mm 的钢板,也可以选用胶合板等材料。由于板面是直接承受浇筑混凝土的侧压力,所以要求具有一定的刚度、强度,板面必须平整,拼缝必须严密,与横、竖肋焊接(或者钉接)必须牢固。

横肋通常采用[8 槽钢,间距 300~350 mm。竖肋通常用 6 mm 厚扁钢,间距 400~500 mm,以使板面能双向受力。

背楞骨(竖肋)一般采用[8 槽钢成对放置,两槽钢之间留有一定空隙,以便于穿墙螺栓通过,龙骨间距通常为 1 000~1 400 mm。背楞骨与竖肋连接要求满焊,形成一个结构整体。

在模板的两端一般均焊接角钢边框(图2.7),以使板面结构形成一个封闭骨架,加强整体性。从功能上也可解决横墙模板和纵墙横板之间的搭接,以及横墙模板与预制外墙组合柱模板的搭接问题。

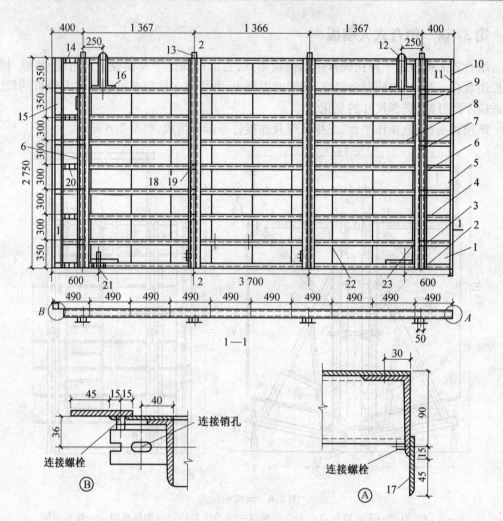

图2.7　组合大模板板面系统构造

1—面板；2—底横肋（横龙骨）；3、4、5—横肋（横龙骨）；6、7—竖肋（竖龙骨）；

8、9、22、23—小肋（扁钢竖肋）；10、17—拼缝扁钢；11、15—角龙骨；12—吊环；

13—上卡板；14—顶横龙骨；16—撑板钢管；18—螺母；19—垫圈；

20—沉头螺丝；21—地脚螺栓

（2）支撑系统。支撑系统的功能在于支持板面结构，保持大模板的竖向稳定，及调节板面的垂直度。支撑系统由三角支架及地脚螺栓组成。

三角支架用角钢与槽钢焊接而成，如图2.8所示。一块大模板最少设置两个三角支架，通过上、下两个螺栓同大模板的竖向龙骨连接。

三角支架下端横向槽钢的端部设置一个地脚螺栓，如图2.9所示，用来调整模板的垂直度和确保模板的竖向稳定。

（3）操作平台。操作平台系统由操作平台、护身栏以及铁爬梯等部分组成。

（4）模板连接件。

①穿墙螺栓与塑料套管：穿墙螺栓为承受混凝土侧压力、加强板面结构的刚度、控制模板间距（即墙体厚度）的重要配件，它将墙体两侧大模板连接为一体。

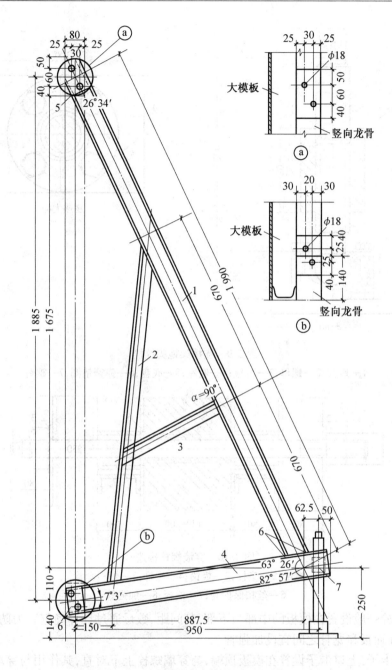

图 2.8 支撑架

1—槽钢;2、3—角钢;4—下部横杆槽钢;5—上加强板;6—下加强板;7—地脚螺栓

为了避免墙体混凝土与穿墙螺栓黏结,在穿墙螺栓外部套一根硬质塑料管,其长度与墙厚相同,两端顶住墙模板,内径比穿墙螺栓直径大 3~4 mm。这样在拆模时,既确保了穿墙螺栓的顺利脱出,又可以在拆模后将套管抽出,以便于重复使用,如图 2.10 所示。

穿墙螺栓用 Q235A 钢制作,一端是梯形螺纹,长约 120 mm,以适应不同墙体厚度(140~200 mm)的施工。而另一端在螺杆上车上销孔,支模时,用板销打入销孔内,以避免模板外涨。板销厚 6~8 mm,做成大小头,以方便拆卸。

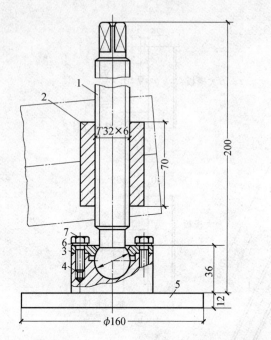
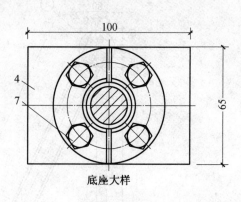

底座大样

图 2.9　支撑架地脚螺栓

1—螺杆;2—螺母;3—盖板;4—底座;5—底盘;6—弹簧垫圈;7—螺钉

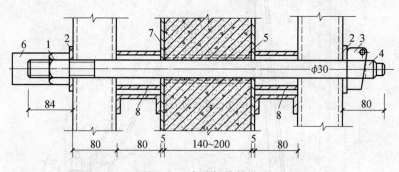

图 2.10　穿墙螺栓构造

1—螺母;2—垫板;3—板销;4—螺杆;5—塑料套管;

6—丝扣保护套;7—模板;8—加强管

穿墙螺栓一般设置在模板的中部与下部,其间距、数量通过计算确定。为防止塑料管将面板顶凸,在面板和龙骨之间宜设加强管。

②上口卡子:上口卡子设置在模板顶端,与穿墙螺栓上下对直,其作用与穿墙螺栓相同。直径为 $\phi 30$,根据墙厚不同,在卡子的一端车上不同距离的凹槽,以便和卡子支座相连接,如图 2.11(a)所示。

卡子支座用槽钢或者钢板焊接而成,焊于模板顶端,如图 2.11(b)所示,支完模板后把上口卡子放入支座内。

(5)模数条及其连接方法。模数条模板基本尺寸为 30 cm、60 cm 两种,也可以根据需要做成非模数的模板条。模数条的结构基本与大模板一致。在模数条与大模板的连接处的横向龙骨上钻好连接孔,然后用角钢或者槽钢将两者连接为一体,如图 2.12(a)所示。

采用这种模数条,可以使普通大模板的适应性提高,在内墙施工的"丁"字墙处及大模板

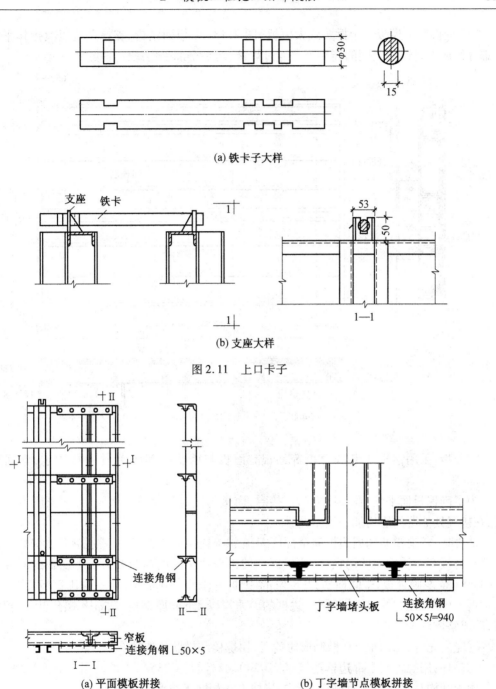

(a) 铁卡子大样

(b) 支座大样

图 2.11 上口卡子

(a) 平面模板拼接

(b) 丁字墙节点模板拼接

图 2.12 组合式大模板模数条的拼接

全现浇工程的内外墙交接处,均可采用这种办法解决模板的适应性问题。图 2.12(b)为丁字墙处的模板做法。

第 38 讲 拼装式大模板

拼装式大模板是将面板、骨架以及支撑系统全部采用螺栓或销钉连接固定组装成的大模板,这种大模板比组合式大模板拆改方便,也可减少由于焊接而产生的模板变形问题。

（1）全拆装大模板。全拆装式大模板（图2.13）由板面结构、支撑系统以及操作平台等三部分组成。各部件之间的连接不是通过焊接，而是全部采用螺栓连接。

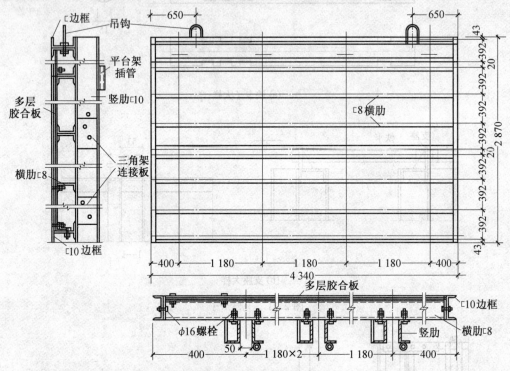

图2.13　拼装式大模板

①面板：采用钢板或者胶合板等面板。面板与横肋用 M16 螺栓连接固定，其间距为350 mm。

为了确保板面平整，在高度方向拼接时，面板的接缝处应放在横肋上；在长度方向拼接时，在接缝处的背面应增加一道木龙骨。

②骨架：各道横肋和周边框架全部用 M16 螺栓连接成骨架，连接螺孔直径为 φ18。为了避免胶合板等木质面板四周损伤，所以四周的边框比中间的横肋要大一个面板的厚度。如采用 20 mm 厚胶合板，中间横肋为[8 槽钢，则边框采用[10 槽钢；如果采用钢板面板，其边框槽钢与中部横肋槽钢尺寸相同。边框的四角焊以 8 mm 厚钢板，钻 φ18 螺孔，用以相互连接，形成整体。

③竖向龙骨：用两根[10 槽钢成对放置，用螺栓和横肋相连接。

④吊环：用螺栓与上部边框连接（图2.14）。材质是 Q235A，不准使用冷加工处理。

面板结构与支撑系统及操作平台的连接方法相同于组合式大模板。

这种全装拆式大模板，因为面板采用钢板或胶合板等木质面板，板块较大，中间接缝少，所以浇筑的混凝土墙面光滑平整。

（2）用组合模板拼装大模板。这种模板为采用组合钢模板或者钢框胶合板模板作面板，以管架或型钢作横肋和竖肋，用角钢（或槽钢）作上下封底，用螺栓与角部焊接作连接固定。它的特点是板面模板可以因地制宜，就地取材。大模板拆散之后，板面模板仍可作为组合模板使用，有利于使成本降低。

①用组合钢模板拼装大模板（图2.15）：此种大模板竖肋采用 φ48 钢管，每组两根，成对

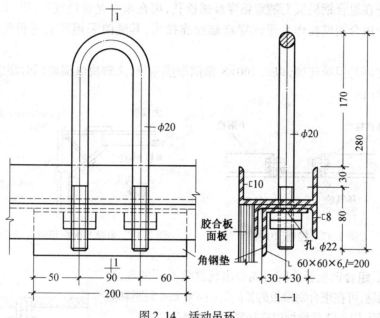

图 2.14 活动吊环

放置,间距视钢模的长度而定,但最大间距不得超过 1.2 m。横向龙骨设上、中、下三道,每道用两根[8 槽钢,槽钢之间用 8 mm 厚钢板作连接板,龙骨与模板以 φ12 钩头螺栓与模板的肋孔连接。底部用∟60×6 封底,并用 φ12 螺栓同组合钢模板连接,这样就使整个板面兜住,防止吊装和支模时底部损坏。大模板背面用钢管作支架和操作平台,其连接可采用钢管扣件,如图 2.16 所示。

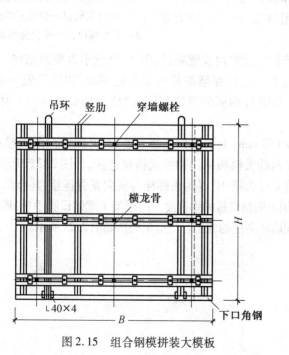

图 2.15 组合钢模拼装大模板

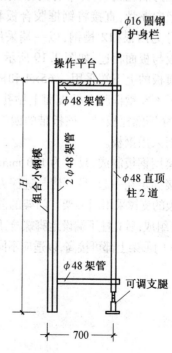

图 2.16 支架平台示意图

为了防止在组合钢模板上随意钻穿墙螺栓孔,可在水平龙骨位置处,用[10轻型槽钢或者10 cm宽的组合钢模板作水平向穿墙螺栓连接带,其缝隙采用环氧树脂胶泥嵌缝,如图2.17所示。

纵横墙之间的模板连接,以∟160×8角钢做成角模,来解决纵横墙同时浇筑混凝土的问题,如图2.18所示。

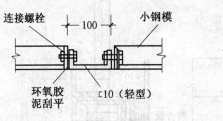

图2.17　轻型[10补缝

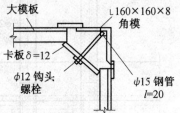

图2.18　角模与大模板组合示意图

上述做法,组合钢模板之间可能会出现拼缝不严的现象。为解决这一问题,可在组合钢模板的长向每隔450 mm间距和短向125 mm间距,用ϕ12螺栓加以连接紧固形成整体。

用这种方法组装成的大模板,可显著降低钢材用量和模板重量,并可节省加工周期和加工费用。同采用组合钢模板浇筑墙体混凝土相比,能使工效大大提高。

②用钢框胶合板模板拼装的大模板:因为钢框胶合板模板的钢框为热轧成型,并带有翼缘,刚度较好,组装大模板时可省去竖向龙骨,直接将钢框胶合板和横向龙骨组装拼装。横向龙骨为两根[12槽钢,以一端采用螺栓,而另一端为带孔的插板与板面相连,如图2.19所示。

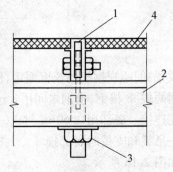

图2.19　模板与拉接横梁连接
1—模板钢框;2—拉接横梁;
3—插接螺栓;4—胶合板板面

大模板的上下端采用∟65×4和槽钢进行封顶及兜底,如图2.20所示为板面结构。

为了不在钢框胶合板板面上钻孔,而又能将穿墙螺栓安装问题解决,同样设置一条10 cm宽的穿墙螺栓板带。该板带的四框与模板钢框的厚度相同,以使与模板能连为一体,板带的板面采用钢板。

角模用钢板制成,尺寸为150 mm×150 mm,上下设数道加劲肋,与开间方向的大模板用螺栓连接固定在一起,另一侧与进深方向的大模板采用伸缩式搭接连接,如图2.21所示。

模板的支撑采用门形架。门架的前立柱为槽钢,以钩头螺栓与横向龙骨连接,其余部分用ϕ48钢管组成;后立柱下端设地脚螺栓,用来调整模板的垂直度。门形架上端铺设脚手板,形成操作平台。门形架上部可接高,以适应不同墙体高度的施工。门形架构造如图2.22所示。

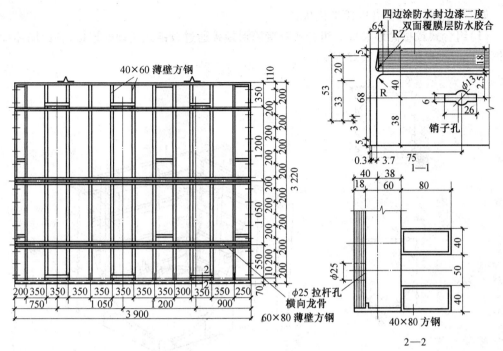

图 2.20 钢框胶合板模板拼装的大模板

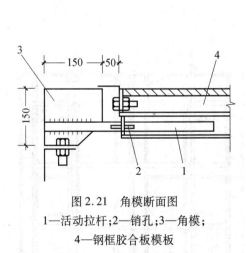

图 2.21 角模断面图
1—活动拉杆;2—销孔;3—角模;
4—钢框胶合板模板

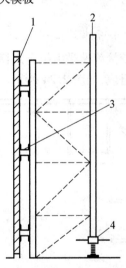

图 2.22 支撑门形架
1—钢框胶合板模板;2—门形架;
3—拉接横梁;4—可调支座

第 39 讲 筒形模板

筒形大模板是将一个房间或者电梯中筒的两道、三道或四道墙体的大模板,通过固定架和铰链、脱模器等连接件,组成一组大模板群体。它的特点为将一个房间的模板整体吊装就位和拆除,因而使塔吊吊次减少了,简化了工艺,并且模板的稳定性能好,不易倾覆。缺点是自重较大。设计角形模板时要做到定位准确,支拆方便,保证混凝土墙体的成型和质量。

如下介绍用于电梯井的筒形模板：

（1）组合式铰接筒形模板。组合式铰接筒形模板通过铰链式角模作连接，各面墙体配以钢框胶合板大模板，如图2.23所示。

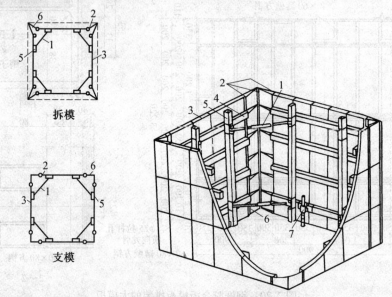

图2.23　组合式铰接筒模

1—脱模器；2—铰链；3—模板；4—横龙骨；5—竖龙骨；6—三角铰；7—支脚

组合式铰接筒模是由组合式模板组合成大模板、铰接式角模、脱模器、横竖龙骨、悬吊架以及紧固件组成，如图2.24所示。

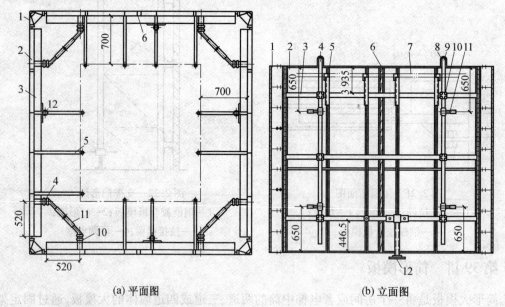

(a) 平面图　　　　　　　　　　(b) 立面图

图2.24　组合式铰接筒模构造

1—铰接角模；2—组合式模板；3—横龙骨（□50 mm×100 mm）；

4—竖龙骨（□50 mm×100 mm）；5—轻型悬吊撑架；6—拼条；7—操作平台脚手架；

8—方钢管管卡；9—吊钩；10—固定支架；11—脱模器；12—地脚螺栓支脚

①大模板:大模板采用组合式模板,以铰接角模组合成任意规格尺寸的筒形大模板(如尺寸不合适时,可配以木模板条)。每块模板周边以4根螺栓相互连接固定,在模板背面用方钢管横龙骨连接,在龙骨外侧再用同样规格的竖向方钢管龙骨连接。模板两端同角模连接,形成整体筒模。

②铰接角模:铰接式角模除作为筒形模的角部模板之外,还具有进行支模及拆模的功能。支模时,角模张开,两翼呈90°;在拆模时,两翼收拢。角模有三个铰链轴,也就是A、B_1、B_2,如图2.25所示。在脱模时,脱模器牵动相邻的大模板,使大模板脱离墙面并带动内链板的B_1、B_2轴,使外链板移动,从而使A轴也与墙面脱离,这样就完成了脱模工作。

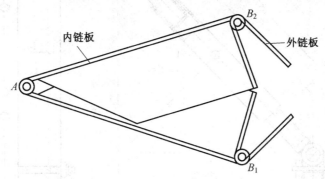

图2.25 铰链角模

角模按0.3 m模数设计,每个高0.9 m左右,一般由三个角模连接在一起,以满足2.7 m层高施工的需要,也可依据需要加工。

③脱模器:脱模器由梯形螺纹正反扣螺杆和螺套组成,可以沿轴向往复移动。脱模器每个角安设2个,与大模板借助连接支架固定,如图2.26所示。

在脱模时,通过转动螺套,使其向内转动,使螺杆作轴向运动,正反扣螺杆变短,促使两侧大模板向内移动,并且带动角模滑移,从而达到脱模的目的。

铰接式筒模的组装:

按照施工栋号设计的开间、进深尺寸进行配模设计及组装。组装场地要平整坚实。

组装时先从角模开始按顺序连接,注意对角线找方。先安装下层模板,形成筒体,再依次安装上层模板,并及时安装横向龙骨及竖向龙骨。通过底脚螺栓支脚进行调平。

在安装脱模器时,必须注意四角和四面大模板的垂直度,可以借助变动脱模器(放松或旋紧)调整好模板位置,或者用固定板先将复式角模位置固定下来。当四个角都调到垂直位置之后,用四道方钢管围拢,再以方钢管卡固定,使铰接筒模成为一个刚性的整体。

安装筒模上部的悬吊撑架,铺脚手板,以供施工人员操作使用。

进行调试。在调试时脱模器要收到最小限位,也就是角部移开42.5 mm,四面墙模可移进141 mm。待运行自如后再行安装。

(2)滑板平台骨架筒模。滑板平台骨架筒模,是由装有连接定位滑板的型钢平台骨架,把井筒四周大模板组成单元筒体,借助定位滑板上的斜孔与大模板上的销钉相对滑动,来完成筒模的支拆工作,如图2.27所示。

滑板平台骨架筒模,由滑板平台骨架、大模板、角模以及模板支撑平台等组成。根据梯井墙体的具体情况,可设置三面大模板或者四面大模板。

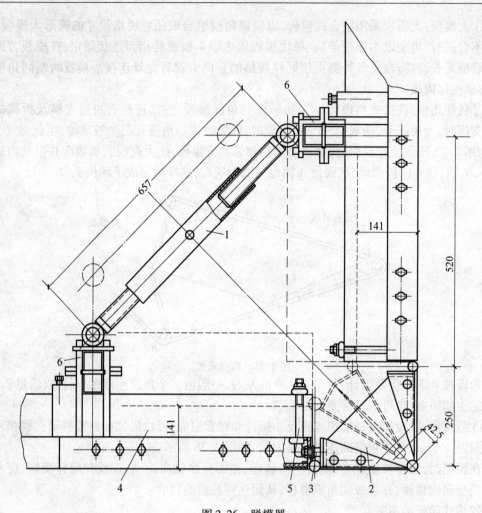

图 2.26　脱模器

1—脱模器;2—角模;3—内六角螺栓;4—模板;5—钩头螺栓;6—脱模器固定支架

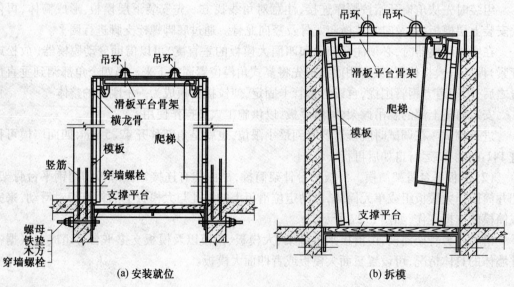

(a) 安装就位　　　　　　　　　(b) 拆模

图 2.27　滑板平台骨架筒模安装示意

　　滑板平台骨架:滑板平台骨架为连接大模板的基本构架,也是施工操作平台,它设有自动脱模的滑动装置。平台骨架用[12 槽钢焊接而成,上盖 1.2 mm 厚钢板,出入人孔旁挂有爬梯,骨架四角焊有吊环,如图 2.28 所示。

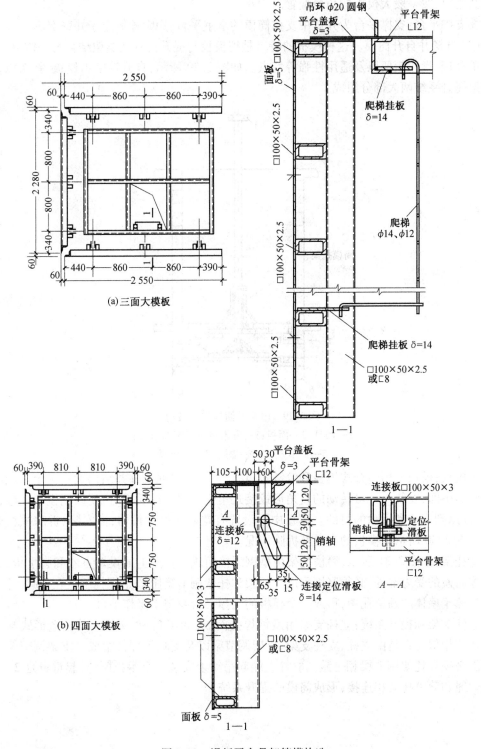

图 2.28　滑板平台骨架筒模构造

连接定位滑板为筒模整体支拆的关键部件。

①大模板：采用[8 槽钢或口 50 mm×100 mm×2.5 mm 薄壁型钢做骨架,焊接 5 mm 厚钢板或者用螺栓连接胶合板。

②角模：按一般大模板的角模配置。

③支撑平台：支撑平台为井筒中支撑筒模的承重平台,用螺栓固定于井壁上。

（3）电梯井自升筒模。这种模板的特点是把模板与提升机具及支架结合为一体,具有构造简单合理、操作简便以及适用性强等特点。如图 2.29 所示,自升筒模由模板、托架以及立柱支架提升系统两大部分组成。

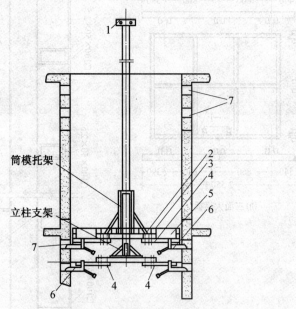

图 2.29 　电梯井筒模自升机构

1—吊具;2—面板;3—方木;4—托架调节梁;
5—调节丝杠;6—支腿;7—支腿洞

①模板：模板采用组合式模板和铰链式角模,其尺寸根据电梯井结构大小决定。在组合式模板的中间,安装一个可转动的直角形铰接式角模,在装、拆模板时,使四侧模板能够进行移动,以达到安装和拆除的目的。模板中间设置有花篮螺栓退模器,供安装、拆除模板时使用。如图 2.30 所示为模板的支设及拆除情况。

②托架：如图 2.31 所示,筒模托架由型钢焊接而成。托架上面设置方木和脚手板,托架是支撑筒模的受力部件,必须坚固耐用。托架和托架调节梁用 U 形螺栓组装在一起,并通过支腿支撑于墙体的预留孔中,形成一个模板的支撑平台及施工操作平台。

立柱支架和提升系统：立柱支架用型钢焊接而成,如图 2.32 所示。其构造形式与上述筒模托架相似。它是由立柱、立柱支架、支架调节梁以及支腿等部件组成。支架调节梁的调节范围必须与托架调节梁相一致。立柱上端起吊梁上安装一个手拉捯链,起重量是 2～3 t,用钢丝绳和筒模托架相连接,形成筒模的提升系统。

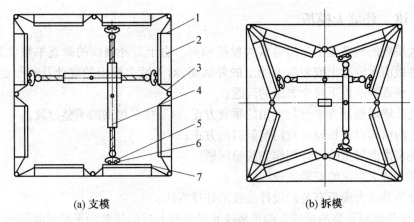

(a) 支模　　　　　　　　　　(b) 拆模

图 2.30　自升式筒模支拆示意图
1—四角角模;2—模板;3—直角形铰接式角模;4—退模器;
5—3 形扣件;6—竖龙骨;7—横龙骨

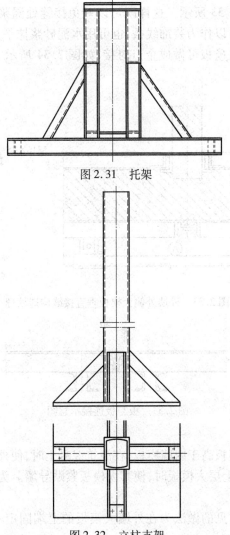

图 2.31　托架

图 2.32　立柱支架

第40讲　外墙大模板

外墙大模板的构造基本与组合式大模板相同。由于对外墙面的垂直平整度要求更高，特别是需要做清水混凝土或装饰混凝土的外墙面，对外墙大模板的设计及制作也有其特殊的要求。主要要解决以下几个方面的问题：

①解决外墙墙面垂直平整与大角的垂直方正，以及楼层层面的平整过渡；

②解决门窗洞口模板设计及门窗洞口的方正；

③解决装饰混凝土的设计制作和脱模问题；

④解决外墙大模板的安装支设问题。

如下介绍外墙大模板有关的设计及技术处理方法：

（1）保证外墙面平整的措施。着重解决水平接缝与层间接缝的平整过渡问题，以及大角的垂直方正问题。

①大模板的水平接缝处理。可采用平接、企口接缝处理。也就是在相邻大模板的接缝处，拉开2~3 cm距离，中间用梯形橡胶条、硬塑料条或者30×4的角钢作堵缝，用螺栓与两侧大模板连接固定，如图2.33所示。这样既可以避免接缝处漏浆，又可使相邻开间的外墙面有一个过渡带，拆模后可以作为装饰线条，也可用水泥砂浆抹平。

在模板制作时，相邻大模板可做成企口对接，如图2.34所示。这样既可以确保墙面平整，又解决了漏浆问题。

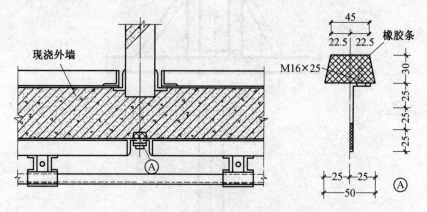

图2.33　外墙外侧大模板垂直接缝构造处理

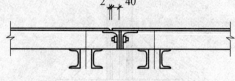

图2.34　板与板连接示意图

②层间接缝处理。

设置导墙：采用外墙模板高于内墙模板，在浇筑混凝土时，使外墙外侧高出内侧，形成导墙，如图2.35所示。在支上层大模板时，使其大模板紧贴导墙。为避免漏浆，还可在此处加塞泡沫塑料处理。

模板上下设置线条：常见的做法为在外墙大模板的上端固定一条宽175 mm、厚30 mm

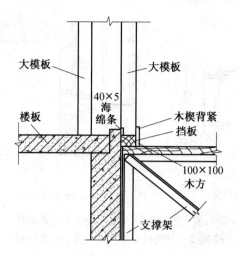

图 2.35 大模板底部导墙支模图

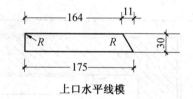

上口水平线模

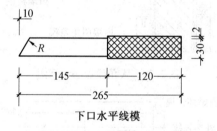

下口水平线模

图 2.36 横向腰线线模

与模板宽度相同的硬塑料板;在模板下部固定一条宽 145 mm、厚 30 mm 的硬塑料板,为了防止漏浆,借助下层的墙体作为上层大模板的导墙。在大模板底部连接固定一根 [12 槽钢,槽钢外侧固定一根宽 120 mm、厚 32 mm 的橡胶板,如图 2.36 与图 2.37 所示。必须将连接塑料板和橡胶板的螺栓拧紧,固定牢固。这样浇筑混凝土之后的墙面形成两道凹槽,即可做装饰线,也可抹平。

③大角方正问题的处理。为了确保外墙大角的方正,关键是角模处理,必要时可采用机加工刨光角模。大角模组装示意图如图 2.38 所示,图 2.39 为小角模固定示意图。要确保角模刚度好、不变形,同两侧大模板紧密地连接在一起。

(2)外墙门窗口模板构造与设置方法。外墙大模板需解决门窗洞口模板的设置问题,既要克服设置门窗洞口模板后大模板刚度受到削弱的问题,还要解决支、拆以及浇筑混凝土的问题,使浇筑的门窗洞口阴阳角方正,不位移、不变形。比较常见的做法为:

①把门窗洞口部位的模板骨架取掉,按门窗洞口的尺寸,在骨架上作一边框,同大模板焊接为一体(如图 2.40 所示)。门窗洞口宜在内侧大模板上开设,以便在振捣混凝土时便于进行观察。

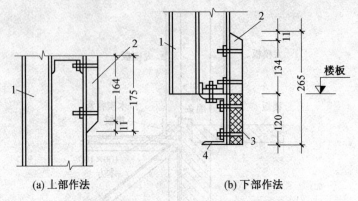

(a) 上部作法　　　　　　(b) 下部作法

图 2.37　外墙外侧大模板腰线条设置示意

1—模板；2—硬塑料板；3—橡胶板；4—连接槽钢

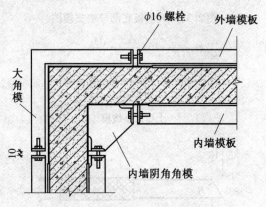

图 2.38　大角模做法示意图

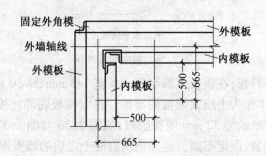

图 2.39　外墙外侧大模板大角部位的连接构造

②保存原有的大模板骨架,取掉门窗洞口部位的钢板面。同样做一个型钢边框,并采取以下三种方法支设门洞模板:

a. 散支散拆:按门窗洞口尺寸加工好洞口的侧模及角模,钻好连接销孔。在大模板的骨架上按门窗洞口尺寸焊接角钢边框,其连接销孔位置要与门窗洞口模板上的销孔一致(图 2.41)。在支模时将各片模板和角模按门窗洞口尺寸组装好,并通过连接销将门窗洞口模板与钢边框连接固定。拆模时先拆侧帮模板,上口模板应保留至规定的拆模强度时方能拆除,或者在拆模后加设临时支撑。

b. 板角结合形式:将门窗洞口的各侧面模板用钢铰铰链固定在大模板的骨架上,各个角

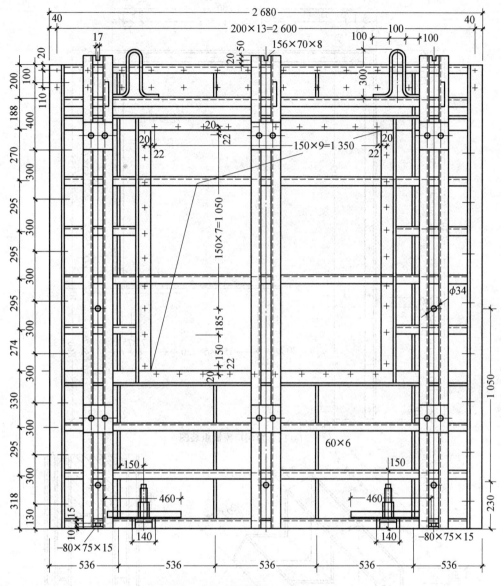

图2.40　外墙大模板门窗洞口

部用等肢角钢做成专用角模,形成门窗洞口模板。在支模时用支撑杆将各侧侧模支撑到位,然后安装角模,角模同侧模采用企口连接,如图2.42所示。拆模时先拆侧模,然后再将角模拆除。

　　c.独立式门窗洞口模板:把门窗洞口模板采用板角结合的形式一次加工成型。模板框用5 cm厚木板做成,为方便拆模,外侧用硬塑料板做贴面,角模用角钢制作,如图2.43所示。支模时将组装好的门窗洞口模板整体就位,以两侧大模板将其夹紧,并用螺栓固定。洞口上侧模板还可用木条做成滴水线槽模板,一次把滴水槽浇筑成型,以减少装修工作量。

　　(3)装饰混凝土衬模设置。为了丰富现浇外墙的质感,可以在外墙外侧大模板的表面设置带有不同花饰的聚氨酯、玻璃钢、型钢、塑料以及橡胶等材料制成的衬模,塑造成混凝土表面的花饰图案,起到装饰效果。

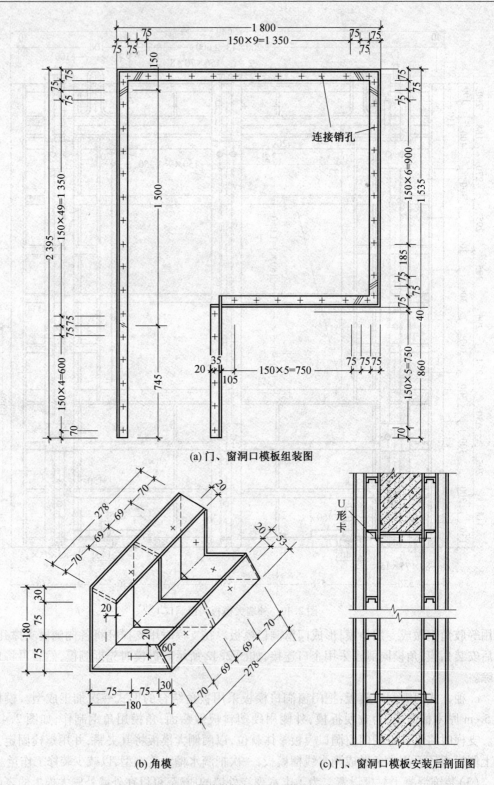

(a) 门、窗洞口模板组装图

(b) 角模

(c) 门、窗洞口模板安装后剖面图

图 2.41　散装散拆门窗洞口模板示意

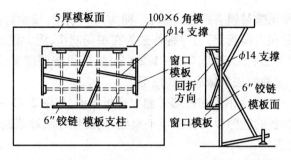

图 2.42 外墙窗洞口模板固定方法

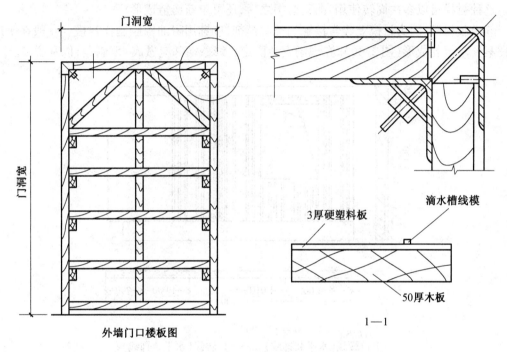

图 2.43 独立式门窗洞口模板

衬模材料要货源充裕、易于加工制作以及安装简便;同时,要有良好的物理和机械性能,耐磨、耐油、耐碱,化学性能稳定、不变形,并且可周转使用多次,常用的衬模材料有:

①铁木衬模:铁木衬模是用 1 mm 厚薄钢板轧制成凹凸型图案,用机螺栓固定在大模板表面。为避免凸出部位受压变形,需在其内垫木条,如图 2.44 所示。

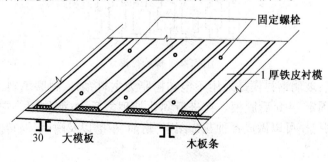

图 2.44 铁木衬模

②聚氨酯衬模:聚氨酯衬模有两种作法:一种为预制成型,按设计要求制成带有图案的片状预制块,然后粘贴在大模板上;另一种作法为在现场制作,将大模板平放,将板面杂质和浮锈清除后先涂刷聚氨酯底漆,厚度0.5~1.2 mm,然后再按照图案设计涂刷聚氨酯面漆,当固化后即可使用。这种做法多做成花纹图形。

③角钢衬模:用30×30角钢焊在外墙外侧大模板表面,如图2.45所示。焊缝须磨光,角钢端部接头、角钢与模板的缝隙以及板面不平整处,均需用环氧砂浆嵌填、刮平以及磨光,干后再涂刷两遍环氧清漆。

④铸铝衬模:用模具铸造成形,可做成各种花饰图案的板块,将它用木螺钉固定于模板上。这种衬模可以多次周转使用,图案磨损之后,还可重新铸造成形。

⑤橡胶衬模:因为衬模要经常接触油类脱模剂,应选用耐油橡胶制作衬模。一般在工厂按图案要求辊轧成形(图2.46),在现场安装固定。线条端部应做成45°斜角,以利脱模。

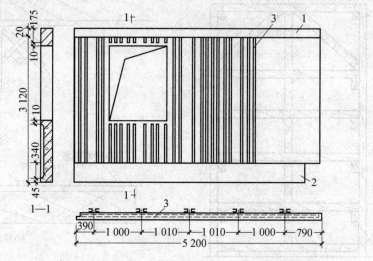

图2.45　角钢衬模

1—上口腰线(水平装饰线);2—下口腰线(水平装饰线);

3—30×30角钢竖线衬模

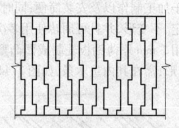

图2.46　橡胶衬模

⑥玻璃钢衬模:玻璃钢衬模是采用不饱和树脂为主料,加入耐磨填料,在设计好的模具上分层裱糊成形,固定24 h后脱模。在进行固化处理之后,方能使用。它是用螺栓固定于模板板面。玻璃钢衬模可以做成各种花饰图案,耐油、耐磨以及耐碱,周转使用次数可达100次以上。

(4)外墙大模板的移动装置。因为外墙外侧大模板采用装饰混凝土的衬模,为了防止拆模时碰坏装饰图案,应在外墙外侧大模板底部设置轨枕及移动装置。

移动装置(又称滑动轨道)设置在外侧模板三角架的下部,如图2.47所示,每根轨道上装有顶丝,大模板位置调整后,用顶丝顶住地脚盘,防止前后移动。滑动轨道两端滚轴位置的下部,各设一个轨枕,内装与轨道滚动轴承方向垂直的滚动轴承。轨道坐落于滚动轴承上,可左右移动。滑动轨道与模板地脚连接,借助模板后支架与模板同时安装或拆除。这样,在拆除大模板时,可以先将大模板作水平移动,既方便拆模,又可避免碰坏装饰混凝土。

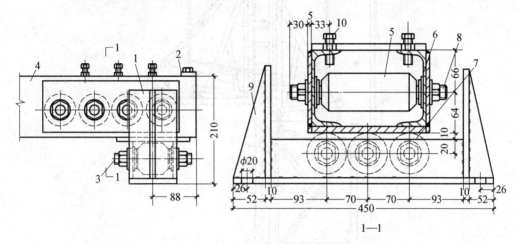

图2.47　模板滑动轨道及轨枕滚轴

1—支架;2—端板;3、8—轴辊;4—活动装置骨架;5、7—轴滚;
6—垫板;9—加强板;10—螺栓顶丝

(5)外墙大模板的支设平台。解决外墙大模板的支设问题为全现浇混凝土结构工程的关键技术。主要有下列两种形式:

①三角挂架支设平台:三角挂架支设平台由三角挂架、平台板、护身栏以及安全立网组成,如图2.48所示。它是安放外墙外侧大模板,进行施工操作和安全防护的重要设施。

外墙外侧大模板在有阳台的部位时,可支设在阳台板上。

三角挂架是承受大模板和施工荷载的部件,必须确保有足够的强度和刚度,安装拆除简便。各种杆件用2根50×50的角钢焊接而成。每个开间设置2个,用料$\phi40$的"L"形螺栓固定于下层的外墙上,如图2.48所示。

平台板用型钢做大梁,上面焊接钢板或者满铺脚手板,宽度与三角挂架一致,以满足支模及操作。在三角挂架外侧设可供两个楼层施工用的护身栏及安全网。为了方便施工,还可在三角挂架上做成上下二层平台,上层供结构施工用,而下层供墙面修理用。

②借助导轨式爬架支设大模板:导轨式爬架由爬升装置、桁架、扣件架体及安全防护设施组成。在建筑物的四周布置爬升机构,由安于剪力墙上的附着装置外侧安装架体利用导轮组通过导轨进行安装,在导轨上部安装提升倒链,架体借助导轮沿轨道上下运动,从而实现导轨式爬架的升降。架体由水平撑力桁架和竖向主框架和钢管脚手架搭设而成。宽为0.9 m,距墙0.4~0.7 m,架体高度大于或者等于4.5倍的标准层层高。架体上设控制室,内设配电柜,并通过电缆线与每一个电动倒链连接。电动倒链动力为500~750 W,升降速度是9 cm/min。

这种爬架铺设三层脚手板,可以供上下三个楼层施工用,每层施工允许荷载2 kN/m²。脚手板距墙20 cm,最下一层的脚手板与墙体空隙用木板和铰链做成翻板,避免施工人员及

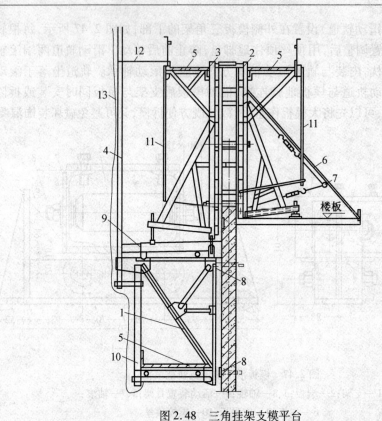

图 2.48　三角挂架支模平台

1—三角挂架；2—外墙内侧大模板；3—外墙外侧大模板；

4—护身栏；5—操作平台；6—防侧移撑杆；7—防侧移位花篮螺栓；

8—└形螺栓挂钩；9—模板支撑滑道；10—下层吊笼吊杆；

11—上人爬梯；12—临时拉结；13—安全网

杂物坠落伤人。架体外侧满挂安全网，在每个施工层设置护身栏。如图2.49所示为导轨式爬架安装立面。

导轨式爬架须和支模三角架配套使用。导轨爬架的最上层设置安放大模板的三角支架，并设有施工平台。如图2.50所示，支模三角架承受大模板的竖向荷载。

导轨式爬架当被用于上升时供结构施工支设大模板，下降时又可以作为外檐施工的脚手架。

导轨式爬架的提升工艺流程为：墙体拆模→拆装导轨→转换提升挂座位置→挂好电动倒链→检查验收→同步提升挂除限位锁、保险钢丝绳→同步提升一个楼层的高度→固定支架、保险绳→施工人员上架施工。

爬架的提升时间以混凝土强度为依据，常温时通常在浇筑混凝土之后2～3 d。爬架下降时，要考虑爬架的安装周期，通常控制在2 d以上为宜。

爬架在升降前要检查所有的扣件连接点紧固与否，约束是否解除，导轨是否垂直，防坠套环套住提升钢丝绳与否。在升降过程中，要保持各段桁架的同步，当行程高差大于50 mm时，应停止爬升，调平后再行升降。爬架升降到位之后，将限位锁安装至合适位置，挂好保险钢丝绳。升降完毕投入使用前，应检查所有扣件紧固与否，限位锁和保险绳能否有效地传力，临边防护是否等位。

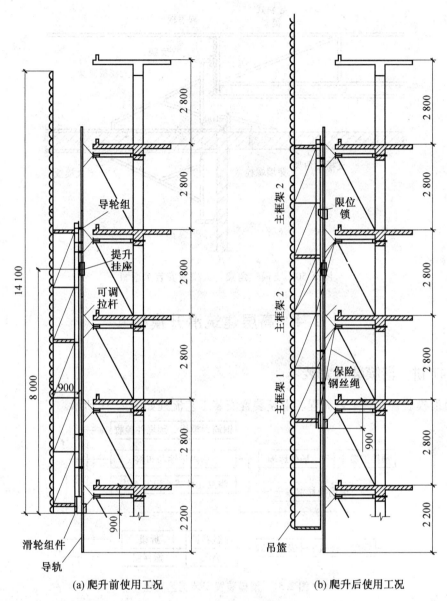

图 2.49　导轨式爬架安装立面

对配电柜要做好防雨防潮措施,对电源线路及接地情况也要经常进行检查。

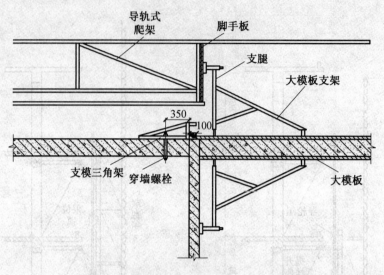

图 2.50　支模三角架与大模板安装示意图

2.4　高层建筑滑升模板

第 41 讲　滑膜装置安装

（1）滑模装置安装工艺流程。滑模装置安装工艺流程如图 2.51 所示。

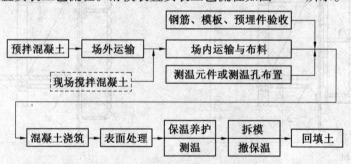

图 2.51　滑模装置安装工艺流程

（2）滑模施工工艺流程。滑模施工工艺流程如图 2.52 所示。

（3）滑模装置安装。

①安装模板，宜从内向处扩展，逐间组装，逐间定位。

②安装提升架，所有提升架的标高应符合操作平台水平度的要求。

③安装提升架活动支腿并同模板连接，调节模板截面尺寸及单面倾斜度，模板应上口小，下口大，单面倾斜度宜为模板高度的 0.1% ~0.3%。

④安装内外围圈和围圈节点连接件。

⑤安装操作平台的桁架、支撑以及平台铺板。

⑥安装外操作平台的挑架、铺板以及安全栏杆等。

⑦安装液压提升系统及水、电、通信、信号、精度控制以及观测装置，并分别进行编号、检

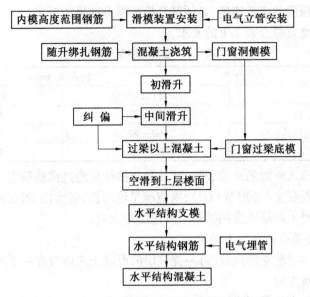

图 2.52 滑模施工工艺流程

查和试验。

⑧在液压系统排油、排气试验合格之后,插入支撑杆。

⑨安装内外吊脚手架和安全网:当在地面或楼面上组装滑模装置时,应待模板滑到适当高度后,再安装内外吊脚手架,挂安全网。

第42讲 钢筋绑扎

(1)横向钢筋的长度一般不宜大于 7 m,如果要求加长,则应适当增加操作平台宽度。

(2)竖向钢筋的直径小于或者等于 12 mm 时,其长度不宜大于 8 m。

(3)钢筋绑扎时,应确保钢筋位置准确,并应符合下列要求。

①每一浇筑层混凝土浇注完之后,在混凝土表面以上至少应有一道绑扎好的横向钢筋。

②竖向钢筋绑扎之后,其上端应用限位支架等临时固定。

③双层钢筋的墙,其主筋应成对并立排列,钢筋网片间应有拉结筋或者用焊接钢筋骨架位。

④门窗洞口上下两侧横向钢筋端头应绑扎平直、整齐以及有足够钢筋保护层,下口钢筋宜与竖向钢筋焊接。

⑤钢筋弯钩均应背向模板面。

⑥必须有确保钢筋保护层厚度的措施。

⑦当滑模施工结构有预应力钢筋时,对于预应力筋的留孔位置应有相应的成型固定措施。

⑧墙体顶部的钢筋若挂有大砂浆,在滑升前应及时清除掉。

第43讲 混凝土浇筑

(1)用在滑模施工的混凝土,应事先做好混凝土配合比的试配工作,其性能除满足设计规定的强度、抗渗性、耐久性以及施工季节等要求外,尚应满足以下规定:

①混凝土早期强度的增长速度,必须符合模板滑升速度的要求。

②混凝土坍落度宜符合表 2.1 的要求。

表 2.1　混凝土坍落度表

结构类型	坍落度/mm	
	非泵送混凝土	泵送混凝土
墙板、梁、柱	50 ~ 70	100 ~ 160
配筋密集的结构	60 ~ 90	120 ~ 180
配筋特密结构	90 ~ 120	140 ~ 200

③在混凝土中掺入外加剂或掺和料,其品种和掺量应通过试验确定。

④高强度等级混凝土(可用至 C60),尚应满足流动性、包裹性、可泵性以及滑性等要求。并应使入模后的混凝土凝结速度同模板滑升速度相适应。

(2)混凝土的浇筑应满足以下规定:

①必须分层均匀对称交圈浇筑,每一浇筑层的混凝土表面应在一个水平面上,并且应有计划均匀的更换浇筑方向。

②模板高度范围内的混凝土浇筑厚度不应大于 300 mm,正常滑升时混凝土的浇筑高度不应大于 200 mm。

③各层混凝土浇筑的间隔时间不得大于混凝土的凝结时间,当间隔时间超过规定接茬处应按施工缝的要求处理。

④在气温高的季节,宜先浇筑内墙,后浇筑阳光直射的外墙;先浇筑墙角、墙垛以及门窗洞口两侧,后浇筑直墙;先浇筑较厚的墙,后浇筑比较薄的墙。

⑤预留孔洞、烟道口、门窗口、变形缝及通风管道等两侧的混凝土应对称均衡浇筑。

(3)混凝土的振捣应符合以下要求:

①振捣混凝土时振捣器不得直接触及支撑杆、钢筋或者模板。

②振捣器插入前一层混凝土内深度不应大于 50 mm。

(4)混凝土的养护应符合以下规定:

①混凝土出模后应及时进行修整,必须及时进行养护。

②养护期,应保持混凝土表面湿润,除冬施之外,养护时间不少 7 天。

③养护方法宜选用连续喷雾养护或者喷涂养护液。

第 44 讲　液压滑升

(1)初滑时模板内混凝土至 500 ~ 700 mm 高度之后,第一层混凝土强度达到 0.2 MPa,应进行 1 ~ 2 个千斤顶行程的提升,并且对滑模装置和混凝土凝结状态进行检查,确定正常后,方可转为正常滑升。

(2)在正常滑升过程中,两次提升的时间间隔不宜超过 0.5 小时。

(3)提升过程中,应使所有的千斤顶充分的进油及排油。提升过程中,如出现油压增至正常滑升工作压力值的 1.2 倍,尚不能使全部千斤顶升起时,应停止提升操作,立即检查其原因,即时进行处理。

(4)正常滑升过程中,操作平台应保持基本水平。每滑升 200 ~ 300 mm,应对各千斤顶进行一次调平(如采用限位调平卡等),特殊结构或者特殊部位应按施工组织设计的相应要求实施。各千斤顶的相对高差不得大于 40 mm。相邻两个提升架上千斤顶升差不得大于 20 mm。

（5）在滑升过程中，应检查及记录结构垂直度、水平度、扭转及结构截面尺寸等偏差数据，及时进行纠偏、纠扭工作。在纠正结构垂直偏差时，应缓慢进行，防止出现硬弯。

（6）在滑升过程中，应随时检查操作平台结构，支撑杆的工作状态和混凝土的凝结状态，如发现异常，应及时分析原因并且采取有效的处理措施。

（7）由于施工需要或其他原因不能连续滑升时，应有准备采取下列停滑措施：

①混凝土应浇筑至同一标高。

②模板每隔一定时间提升 1～2 个千斤顶行程，直到模板与混凝土不再黏结为止。对滑空部位的支撑杆，应采取适当的加固措施。

③继续施工时，应对模板和液压系统进行检查。

第45讲　水平结构施工

（1）滑模工程水平结构的施工，宜采取在竖向结构完成到一定高度之后，采取逐层空滑支模施工现浇楼板。

（2）按整体结构设计的横向结构，当采用后期施工时，应确保施工过程中的结构稳定和满足设计要求。

（3）墙板结构采用逐层空滑现浇楼板工艺施工时，应满足以下规定：

①当墙板模板空滑时，其外周模板和墙体接触部分的高度不得小于 200 mm。

②楼板混凝土强度达到 1.2 MPa 才能进行下道工序，支设楼板的模板时，不应损害下层楼板混凝土。

③楼板模板支柱的拆除时间，除应符合《混凝土结构工程施工质量验收规范》（GB 50204—2015）的要求之外，还应确保楼板的结构强度满足承受上部施工荷载的要求。

2.5　高层建筑爬升模板

第46讲　爬模装置安装

（1）爬模装置安装工艺流程。爬模装置安装工艺流程如图 2.53 所示。

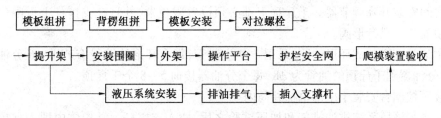

图 2.53　爬模装置安装工艺流程

（2）爬模施工工艺流程。爬模施工工艺流程如图 2.54 所示。

（3）爬模装置安装。

①安装模板：先按照组装图将平模板、带有脱模器的打孔模板和钢背楞组拼成块，装体

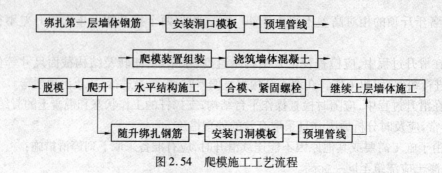

图 2.54　爬模施工工艺流程

吊装,按支模工艺做法,支一段模板即用穿墙螺栓紧固一段。平模支完之后,支阴阳角模,阴角模和平模之间设调节缝板。

②安装提升架:先在地面组装,当模板支完之后,用塔吊吊起提升架,插入已支的模板背面,提升架活动支脚同模板背楞连接,并用调丝杠调节模截面尺寸及垂直度。

③安装围圈:围圈由上下强槽钢、斜撑以及立撑等组成装配或桁架,安装在提升架外侧,将提升架连成整体。围圈在对接及角接部位的连接件进行现场焊接。

④安装外架柱梁:在提升架立柱外侧安装外挑梁和外架立柱,形成挑平台和吊平台,外挑梁在滑道夹板中留一定间隙,使提升架立柱有活动余地。在外墙和电梯井角壁底部的外挑两靠墙一端安装滑轮,以作为纠偏措施用。

第47讲　安装操作平台

(1)铺平台板。

(2)外架立柱外侧,全高度吊平台护栏。

(3)外架立柱上端,设上操作平台护栏,高为2 m。

(4)平台和吊平台护栏下端均设踢脚板。

(5)从平台护栏上端到吊平台护栏下端,满挂安全网,并折转包住吊平台,以保证施工安全。

第48讲　安装系统

(1)安装液压系统。

①依据工程具体情况,每榀提升架上安装1~2台千斤顶。必要时在千斤顶底部与提升架横梁之间安装升降调节器。千斤顶上部必须设置限位器,并且在支撑杆上设限位卡。每个千斤顶安装一只针形阀。

②主油管宜安装成环形油路,采用 $\phi19$ 主油管,每个环形油路设有若干 $\phi6$ 分油管及分油器,由分油器到千斤顶的油管为 $\phi8$,每个分油器接通5~8个千斤顶。

③液压控制台安装于中部电梯井筒内。

④在进行液压系统排油排气和加压试验之后,插入支撑杆。结构体内埋入支撑杆以短钢筋同墙主筋加固焊接,每600 mm 一道。结构体外工具式支撑杆以脚手架钢管和扣件连接加固。

⑤安装激光靶,进行平台偏差控制观测。采用激光安平仪来控制平台水平度。

(2)安装门窗洞口模板,预埋水电管线、埋件。

①第一层于爬模装置安装前埋设。

②第二层开始,随升随埋设。

第49讲 钢筋绑扎

(1)第一层墙体钢筋必须在爬模装置安装前绑扎。

(2)由第二层开始,钢筋随升随绑。

第50讲 混凝土浇筑

(1)必须分层浇筑、分层振捣,每个浇筑层高度不大于300 mm,一层交圈完再继续上层浇筑。禁止由爬模的一端浇筑满后向另一端斜向浇筑。

(2)混凝土浇筑宜采用布料机。

第51讲 脱模

(1)当混凝土强度能确保其表面及棱角不因拆除而受损坏后,方可开始脱模,一般在混凝土强度达到1.2 MPa之后进行。

(2)脱模前先取出对拉螺栓,将调节缝板同大模板之间的连接螺栓松开。

(3)大模板采取分段整体进行脱模,首先以脱模器伸缩丝杆顶住混凝土脱模,然后用活动支腿伸缩丝杆使模板后退,将混凝土脱开50~80 mm。

(4)角模脱模之后同大模板相连,一起爬升。

第52讲 水平结构施工

(1)模板下口爬升达到上层楼面标高之后,支楼板底模板或铺设压型钢板,绑扎楼板钢筋,浇筑楼板混凝土。

(2)当采取连续爬模,滞后进行楼板施工方法时,应得到结构设计单位的认可,并通过计算确定滞后施工层数。

第53讲 防骗纠偏

(1)严格控制支承杆标高及限位卡底部标高、千斤顶顶面标高,要使他们保持在同一水平面上,做到同步爬升。每隔500 mm调平一次。

(2)应保持操作平台上的荷载包括设备、材料及人流均匀分布。

(3)保持支撑杆的清洁,保证千斤顶正常工作,定期对千斤顶进行强制更换保养。

(4)在模板爬升过程中及时进行支撑杆加固工作。

(5)纠偏前应进行认真分析偏移或者旋转的原因,采取相应措施,纠偏过程中,要注意观测平台激光靶的偏差变化情况,纠偏应缓慢进行,不可矫枉过正。

(6)在偏差反方向提升架立柱下部用调节丝杆把滑轮顶紧墙面。

(7)在必要时采用3/8钢丝绳和5 T手动葫芦,向偏差反方向拉紧。

2.6　永久性模板

第54讲　压型钢板模板

(1)压型钢板安装。

①安装准备工作:

a.核对压型钢板型号、规格和数量是否符合要求,检查是否有变形、翘曲、压扁、裂纹以及锈蚀等缺陷。对存有影响使用缺陷的压型钢板,需经处理之后方可使用。

b.对布置在与柱子交接处及预留较大孔洞处的异型钢板,通过放出实样提前将缺角和洞口切割好。

c.用作钢筋混凝土结构楼板模板时,按照普通支模方法和要求,安装好模板的支承系统直接支承压型钢板的龙骨宜采用木龙骨。

d.绘制出压型钢板平面布置图,根据平面布置图在钢梁或支承压型钢板的龙骨上,划出压型钢板安装位置线及标注出其型号。

e.压型钢板应按安装房间使用的型号、规格、数量以及吊装顺序进行配套,将其多块叠置成垛和码放好,以备吊装。

f.对端头有封端要求的压型钢板,若在现场进行端头封端时,要提前做好端头封闭处理。

g.用作组合板的压型钢板,安装前要编制压型钢板穿透焊施工工艺,按照工艺要求选择和测定好焊接电流、焊接时间以及栓钉熔化长度参数。

②钢结构房屋的楼板压型钢板模板安装:

a.安装工艺顺序:在钢梁上分划出钢板安装位置线→压型钢板成捆吊运并搁置在钢梁上→钢板拆捆、人工铺设→安装偏差调整和校正→板端与钢梁电焊(点焊)固定→钢板底面支撑加固→将钢板纵向搭接边点焊成整体→栓钉焊接锚固(如为组合楼板压型钢板时)→钢板表面清理。

b.安装工艺要点:

ⅰ.压型钢板应多块叠置成捆,采用扁担式专用吊具,由垂直运输机具吊运并且搁置在待安装的钢梁上,然后由人工抬运及铺设。

ⅱ.压型钢板宜采用"前推法"铺设。在等截面钢梁上铺设时,由一端开始向前铺设至另一端。在变截面梁上铺设时,从梁中开始向两端方向铺设。

ⅲ.铺设压型钢板时,要使相邻跨钢板端头的波梯形槽口贯通对齐。

ⅳ.压型钢板要随铺设、随调整以及校正位置,随将其端头与钢梁点焊固定,以避免在安装过程中钢板发生松动和滑落。

ⅴ.在端支座处,钢板和钢梁搭接长度不少于50 mm。板端头与钢梁采用点焊固定时,如无设计规定,焊点的直径通常为12 mm,焊点间距一般为200～300 mm(图2.55)。

ⅵ.在连续板的中间支座处,板端的搭接长度不少于50 mm。板的搭接端头先点焊成整体,然后同钢梁再进行栓钉锚固(图2.56)。如为非组合板的压型钢板时,先在板端的搭接范围内,将板钻出直径为8 mm、间距为200～300 mm的圆孔,然后借助圆孔将搭接叠置的钢板与钢梁满焊固定(图2.57)。

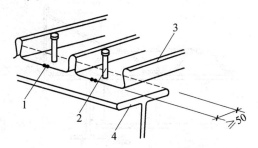

图2.55 组合板压型钢板连接固定
1—压型钢板与钢梁点焊固定;2—锚固栓钉;3—压型钢板;4—钢梁

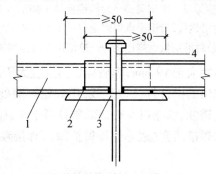

图2.56 中间支座处组合板的压型钢板连接固定
1—压型钢板;2—点焊固定;3—钢梁;4—栓钉锚固

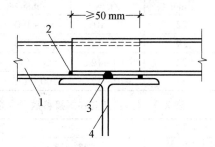

图2.57 中间支座处非组合板的压型钢板连接固定
1—压型钢板;2—板端点焊固定;3—压型钢板钻孔后与钢梁焊接;4—钢梁

ⅶ. 对需加设板底支撑的压型钢板,直接支承钢板的龙骨要与板跨方向垂直布置。支撑系统的设置,按压型钢板在施工阶段变形控制量的要求和《混凝土结构工程施工质量验收规范》(GB50204—2015)普通模板的设计及计算有关规定确定。压型钢板支撑,需待楼板混凝土达到施工要求的拆模强度后方可拆除。若各层间楼板连续施工时,还应考虑多层支撑连续设置的层数,以共同承受上层传来的施工荷载。

ⅷ. 楼板边沿的封沿钢板与钢梁的连接,可采用点焊连接,焊点直径通常为10～12 mm,焊点间距为200～300 mm。为增强封沿钢板的侧向刚度,可以在其上口加焊直径φ6、间距是200～300 mm的拉筋(图2.58)。

c. 组合板的压型钢板与钢梁栓钉焊连接:

ⅰ. 栓钉焊的栓钉,其规格、型号以及焊接的位置按设计要求确定。但是穿透压型钢板

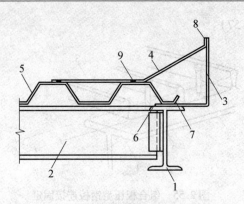

图2.58　楼板周边封沿钢板拉结

1—主钢梁;2—次钢梁;3—封沿钢板;4—φ6拉结钢筋;
5—压型钢板;6—封沿钢板,与钢梁点焊固定;7—压型钢板与封沿钢板点焊固定;
8—拉结钢筋与封沿钢板点焊连接;9—拉结钢筋与压型钢板点焊连接

焊接于钢梁上的栓钉直径不宜大于19 mm,焊后栓钉高度应大于压型钢板波高加30 mm。

ⅱ.栓钉焊接之前,按放出的栓钉焊接位置线,用砂轮打磨处理栓钉焊点处的压型钢板和钢梁表面,把表面的油污、锈蚀、油漆以及镀锌面层打磨干净,以防止焊缝产生脆性。

ⅲ.栓钉的规格、配套的焊接药套(也称焊接保护圈)、焊接参数可参照表2.2,表2.3选用。

表2.2　一般常用的栓钉规格

型　号	栓钉直径 D /mm	端头直径 d /mm	头部厚度 d /mm	栓钉长度 L /mm
13	13	22	9 ~ 10	80 ~ 100
16	16	29	10 ~ 12	75 ~ 100
19	19	32	10 ~ 12	75 ~ 150
22	22	35	10 ~ 12	100 ~ 175

表2.3　栓钉、药座和焊接参数

项目			参数			
栓钉直径/mm			13 ~ 16		19 ~ 22	
焊接药座	标准型		YN－13FS	YN－16FS	YN－19FS	YN－22FS
	药座直径/mm		23	28.5	34	38
	药座高度/mm		10	12.5	14.5	16.5
焊接参数	标准条件(向下焊接)	焊接电流/A	900 ~ 1 100	1 030 ~ 1 270	1 350 ~ 1 650	1 470 ~ 1 800
		弧光时间/s	0.7	0.9	1.1	1.4
		熔化量/mm	2.0	2.5	3.0	3.5
	电容量/kVA		>90	>90	>100	>120

ⅳ.栓钉焊应在构件置于水平位置状态施焊,其接入电源应同其他电源分开,其工作区应远离磁场或者采取避免磁场对焊接影响的防护措施。

ⅴ.栓钉要进行焊接试验。在正式施焊之前,应先在试验钢板上按预定的焊接参数焊两个栓钉,待其冷却之后进行弯曲、敲击试验检查。敲弯角度达45°之后,检查焊接部位是否出现损坏或裂缝。如施焊的两个栓钉中,有一个焊接部位出现损坏或者裂缝,就需要在调整焊接工艺后,重新做焊接试验和焊后检查,直到检验合格后方可正式开始在结构构件上施焊。

ⅵ.栓钉焊毕,应按以下要求进行质量检查:

目测检查栓钉焊接部位的外观,四周的熔化金属已形成均匀小圈而无缺陷者为合格。

焊接后,自钉头表面算起的栓钉长度 L 的公差为 ± 2 mm,栓钉偏离垂直方向的倾斜角 $\theta \leqslant 5°$(图 2.59)者为合格。

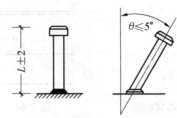

图 2.59 栓钉焊接允许偏差

L—栓钉长度;θ—偏斜角

目测检查合格后,对栓钉按规定进行冲力弯曲试验,弯曲角度为 15° 时,焊接面上不得有任何缺陷。

经冲力弯曲试验合格后的栓钉,可在弯曲状态下使用。不合格的栓钉,应进行更换并进行弯曲试验检验。

③钢筋混凝土结构房屋的楼板压型钢板安装:

a.安装顺序:

在钢筋混凝土梁上或支承钢板的龙骨上放出钢板安装位置线→由吊车把成捆的压型钢板吊运和搁置在支承龙骨上→人工拆捆、抬运、铺放钢板→调整、校正钢板位置→将钢板与支承龙骨钉牢→将钢板的顺边搭接用电焊点焊连接→钢板清理。

b.安装工艺和技术要点:

ⅰ.压型钢板模板,可以采用支柱式、门架或者桁架式支撑系统支承,直接支承钢板的水平龙骨宜采用木龙骨。压型钢板支撑系统的设置,应按照钢板在施工阶段的变形量控制要求和《混凝土结构工程施工质量验收规范》(GB 50204—2015)中模板设计及施工有关规定确定。

ⅱ.直接支承压型钢板的木龙骨,应与钢板的跨度方向垂直布置。钢板端部搭接处,要设置在龙骨位置上或者采取增加附加龙骨措施,钢板端部不得有悬臂现象。

ⅲ.压型钢板安装,可将叠置成捆的钢板用吊车吊运至作业地点,平稳搁置于支承龙骨上,然后由人工拆捆、单块抬运以及铺设。

ⅳ.钢板随铺放就位、随调整校正、随用钉子将钢板和木龙骨钉牢,然后沿着板的相邻搭接边点焊牢固,将板连接成整体(图 2.60 ~ 图 2.65)。

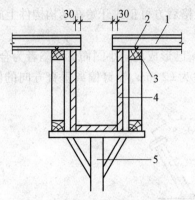

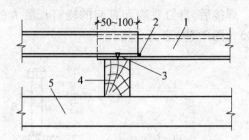

图 2.60　压型钢板与现浇梁连接构造

1—压型钢板;2—压型钢板与支承龙骨钉子固定;

3—支承压型钢板龙骨;4—现浇梁模;

5—模板支撑架

图 2.61　压型钢板长向搭接构造

1—压型钢板;2—压型钢板端头点焊连接;

3—压型钢板与木龙骨钉子固定;

4—支承压型钢板次龙骨;5—主龙骨

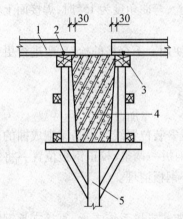

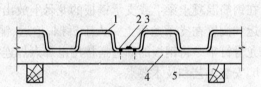

图 2.62　压型钢板与预制梁连接构造

1—压型钢板;2—压型钢板与支承木龙骨钉子固定;

3—支承压型钢板木龙骨;

4—预制钢筋混凝土梁;5—预制梁支撑架

图 2.63　压型钢板短向连接构造

1—压型钢板;2—压型钢板与龙骨钉子固定;

3—压型钢板点焊连接;4—次龙骨;5—主龙骨

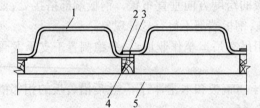

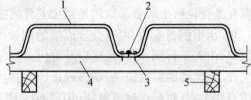

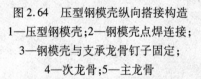

图 2.64　压型钢模壳纵向搭接构造

1—压型钢模壳;2—钢模壳点焊连接;

3—钢模壳与支承龙骨钉子固定;

4—次龙骨;5—主龙骨

图 2.65　压型钢模壳横向搭接构造

1—压型钢模壳;2—钢模壳点焊连接;

3—钢模壳与龙骨钉子固定;

4—次龙骨;5—主龙骨

（2）压型钢板模板安装安全技术要求。

①压型钢板安装后需要开设比较大孔洞时,开洞前必须于板底采取相应的支撑加固措施,然后方可进行切割开洞。开洞之后板面洞口四周应加设防护措施。

②遇有降雨、下雪、大雾及六级以上大风等恶劣天气情况,压型钢板高空作业应停止。雨(雪)停后复工前,要及时将作业场地和钢板上的冰雪和积水清除。

③安装压型钢板用的施工照明、动力设备的电线应采用绝缘线,并且用绝缘支撑物使电线与压型钢板分隔开。要经常检查线路的完好,避免绝缘损坏发生漏电。

④施工用临时照明灯的电压,通常不得超过 36 V,在潮湿环境不得超过 12 V。

⑤多人协同铺设压型钢板时,要互相呼应,操作要协调一致。钢板应随铺设,随调整及校正,其两端随与钢梁焊牢固定或与支承木龙骨钉牢,以避免发生钢板滑落及人身坠落事故。

⑥安装工作如遇中途停歇,对已拆捆未安装完的钢板,不得架空搁置,要同结构物或支撑系统临时绑牢。每个开间的钢板,必须待全部连接固定好并经检查之后,方可进入下道工序。

⑦在已支撑加固好的压型钢板上,堆放的材料、机具及操作人员等施工荷载,如没有设计规定时,通常每平方米不得超过 2 500 N。施工中,要避免压型钢板承受冲击荷载。

⑧压型钢板吊运,应多块叠置、绑扎成捆之后采用扁担式的专用平衡吊具,吊挂压型钢板的吊索与压型钢板应呈 90°夹角。

⑨压型钢板楼板各层间连续施工时,上、下层钢板支撑加固的支柱,应安装于一条竖向直线上,或者采取措施使上层支柱荷载传递到工程的竖向结构上。

第 55 讲 组合板的钢筋混凝土薄板模板

（1）作业条件准备。

①单向板如出现纵向裂缝时,必须征得工程设计单位同意之后方可使用。钢筋向上弯成 45°角,板上表面的尘土及浮渣清除干净。

②在支承薄板的墙或者梁上,弹出薄板安装标高控制线,并分别划出安装位置线和注明板号。

③根据硬架设计要求,安装好薄板的硬架支撑,检查硬架上龙骨的上表面是否平直及符合板底设计标高要求。

④将支承薄板的墙或者梁顶部伸出的钢筋调整好。检查墙、梁顶面符合安装标高要求(墙、梁顶面标高比板底设计标高低 20 mm 为宜)与否。

（2）料具准备。

①薄板硬架支撑。其龙骨通常可采用 100 mm×100 mm 方木,也可用 50 mm×100 mm×2.5 mm 薄壁方钢管或其他轻钢龙骨、铝合金龙骨。其立柱宜采用可调节钢支柱,也可采用 100 mm×100 mm 木立柱。其拉杆可以采用脚手架钢管或 50 mm×100 mm 方木。

②板缝模板。一个单位工程宜采用同一种尺寸的板缝宽度,或者做成与板缝宽度相适应的几种规格木模。要使板缝凹进缝内 5～10 mm 深(有吊顶的房间除外)。

③配备好钢筋扳子、撬棍、吊具、卡具以及 8 号钢丝等工具。

（3）安装工艺。

①安装顺序。在墙或梁上弹出薄板安装水平线并分别划出安装位置线→薄板硬架支撑安装→检查和调整硬架支承龙骨上口水平标高→薄板吊运、就位→板底平整度检查及偏差纠正处理→整理板端伸出钢筋→板缝模板安装→薄板上表面清理→绑扎叠合层钢筋→叠合层混凝土浇筑并达到要求强度后拆除硬架支撑。

②工艺技术要点。

a. 硬架支撑安装。应保持硬架支承龙骨上表面平直,要与板底标高一致。龙骨及立柱的间距,要满足薄板在承受施工荷载和叠合层钢筋混凝土自重时,不产生裂缝和超出允许挠度的要求。通常情况下,立柱与龙骨的间距以 1 200 ~ 1 500 mm 为宜。立柱下支点要垫通板(图2.66)。

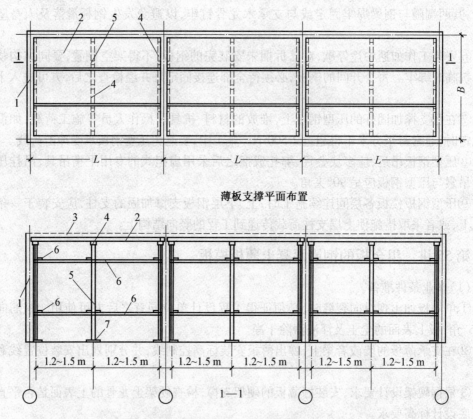

薄板支撑平面布置

1—1

图 2.66　薄板硬架支撑系统

1—薄板支撑墙体;2—薄板;3—现浇混凝土叠合层;

4—薄板支撑龙骨(100 mm×100 mm 术方或 50 mm×100 mm×2.5 mm 薄壁方钢管);

5—支柱(100 mm×100 mm 木方或可调节的钢支柱横距0.9 ~ 1 m);

6—纵、横向水平拉杆(50 mm×100 mm 木方或脚手架钢管);7—支柱下端支垫(50 厚通板)

当硬架的支柱高度超过 3 m 时,支柱之间必须加设水平拉杆拉固。若采用钢管立柱时,连接立柱的水平拉杆必须使用钢管和卡扣同立柱卡牢,不得采用钢丝绑扎。硬架的高度在 3 m 以下时,应根据具体情况确定是否拉结水平拉杆。在任何情况下,都必须确保硬架支撑的整体稳定性。

b. 薄板吊装。吊装跨度在 4 m 以内的条板时,可依据垂直运输机械起重能力及板重一次吊运多块。多块吊运时,应在紧靠板垛的垫木位置处,用钢丝绳兜住板垛的底面,将板垛吊运至楼层,先临时、平稳停放于指定加固好的硬架或者楼板位置上,然后挂吊环单块安装就位。

吊装跨度大于4 m的条板或者整间式的薄板,应采用6~8点吊挂的单块吊装方法。吊具可以采用焊接式方钢框或者双铁扁担式吊装架和游动式钢丝绳平衡索具(图2.67和图2.68)。

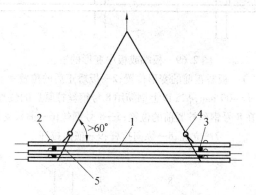

图2.67 4 m长以内薄板多块吊装
1—薄板;2—吊环;3—垫木;
4—卡环;5—带胶皮管套兜索

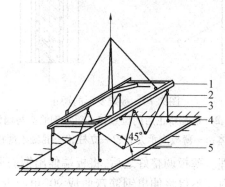

图2.68 单块薄板八点吊装
1—方框式 I;12—双铁扁担吊装架;
2—开口起重滑子;3—钢丝绳6×19φ12.5;
4—索具卸扣;5—薄板

当薄板起吊时,先吊离地面50 cm停下,检查吊具的滑轮组、钢丝绳和吊钩的工作状况及薄板的平稳状态正常与否,然后再提升安装、就位。

c.薄板调整。采用撬棍拨动调整薄板的位置时,撬棍的支点要垫以木块,以防止损坏板的边角。

薄板位置调整好之后,检查板底与龙骨的接触情况,如发现板底与龙骨上表面之间空隙比较大时,可采用下列方法调整:如属龙骨上表面的标高有偏差时,可通过调整立柱丝扣或木立柱下脚的对头木楔纠正其偏差;如属板的变形(反弯曲或翘曲)所致,当变形发生在板端或者板中部时,可用短粗钢筋棍与板缝成垂直方向贴住板的上表面,再以8号钢丝借助板缝将粗钢筋棍与板底的支承龙骨别紧,使板底与龙骨贴严(图2.69);如变形只发生在板端部时,也可用撬棍将板压下,使板底贴至龙骨上表面,然后以粗短钢筋棍的一端压住板面,另一端同墙(或梁)上钢筋焊牢固定,撤除撬棍后,使板底和龙骨接触严(图2.70)。

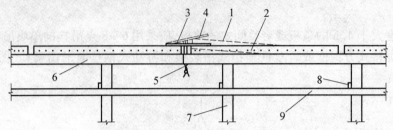

图2.69　板端或板中变形的矫正

1—板矫正前的变形位置;2—板矫正后的位置;

3—$l=400$ mm,$\phi25$ 以上钢筋用8号钢丝拧紧后的位置;

4—钢筋在8号钢丝拧紧前的位置;5—8号钢丝;6—薄板支承龙骨;

7—立柱;8—纵向拉杆;9—横向拉杆

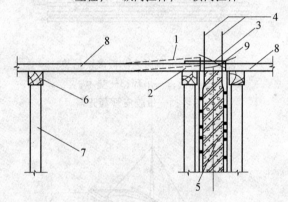

图2.70　板端变形的矫正

1—板端矫正前的位置;2—板端矫正后的位置;3—粗短钢筋头与墙体立筋焊牢压住板端;

4—墙体立筋;5—墙体;6—薄板支承龙骨;7—立柱;8—混凝土薄板;9—板端伸出钢筋

d. 板端伸出钢筋的整理。薄板调整好之后,将板端伸出钢筋调整到设计要求的角度,再理直伸入对头板的叠合层内。不得将伸出钢筋弯曲成90°角或者往回弯入板的自身叠合层内。

e. 板缝模板安装。薄板底若不设置吊顶的普通装修天棚,板缝模宜做成具有凸沿或者三角形截面并与板缝宽度相配套的条模,安装时可以采用支撑式或吊挂式方法固定,如图2.71所示。

f. 薄板表面处理。于浇筑叠合层混凝土前,板面预留的剪力钢筋要修整好,板表面的浮浆、浮渣、起皮以及尘土要处理干净,然后用水将板润透(冬施除外)。冬期施工薄板不能用水冲洗时应采取专门措施,确保叠合层混凝土与薄板结合成整体。

g. 硬架支撑拆除。如没有设计要求时,必须待叠合层混凝土强度达到设计强度标准值的70%之后,方可拆除硬架支撑。

(4)薄板安装质量要求。薄板安装的允许偏差见表2.4。

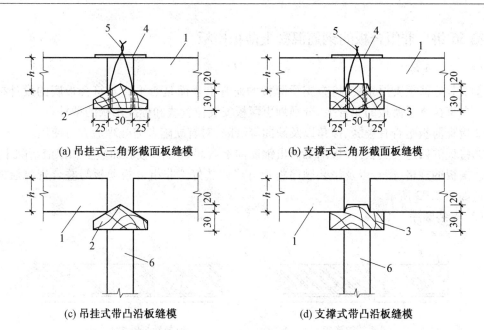

(a) 吊挂式三角形截面板缝模   (b) 支撑式三角形截面板缝模

(c) 吊挂式带凸沿板缝模   (d) 支撑式带凸沿板缝模

图2.71   板缝模板安装

1—混凝土薄板;2—三角形截面板缝模;3—带凸沿截面板缝模;

4—$l = 100$ mm,$\phi6 \sim \phi8$,中一中500 mm 钢筋别棍;

5—14 号钢丝穿过板缝模似孔与钢筋别棍拧紧(中一中500 mm);

6—板缝模支撑(50 mm×50 mm方木,中一中500 mm);h—板厚(mm)

表2.4   薄板安装的允许偏差

项次	项 目	允许偏差/mm	检验方法
1	相邻两板底高差	高级≤2 中级≤4 有吊顶或抹灰≤5	安装后在板底与硬架龙骨上表面处用塞子尺检查
2	板的支承长度偏差	5	用尺量
3	安装位置偏差	≤10	用尺量

(5)薄板安装安全技术要求。

①支承薄板的硬架支撑设计,要满足《混凝土结构工程施工质量验收规范》(GB 50204—2015)中关于模板工程的有关规定。

②当楼层层间连续施工时,其上、下层硬架的立柱要保持在一条竖线上,同时还必须考虑共同承受上层传来的荷载所需要连续设置硬架支柱的层数。

③硬架支撑,未经允许不得任意拆除其立柱及拉杆。

④薄板起吊和就位要平稳和缓慢,要避免板受冲击导致板面开裂或损坏。板就位后,采用撬棍拨动调整板的位置时,操作人员的动作要协调一致。

⑤采用钢丝绳(不小于$\phi12.5$)通过兜挂方法吊运薄板时,兜挂的钢丝绳必须加设胶皮套管,以防止钢丝绳被板棱磨损、切断而导致坠落事故。吊装单块板时,严禁钩挂在板面上的剪力钢筋或骨架上进行吊装。

第56讲　非组合板的钢筋混凝土薄板模板

（1）安装准备工作。

①安装好薄板支撑系统，检查支承薄板的龙骨上表面是否平直及符合板底的设计标高要求。在直接支承薄板的龙骨上，分别划出薄板安装位置线和标注出板的型号。

②检查薄板是否有裂缝、掉角以及翘曲等缺陷，对有缺陷者需处理后方可使用。

③将板的四边飞刺去掉，板两端伸出钢筋向上弯起60°角，板表面尘土和浮渣清除干净。

④按板的规格、型号以及吊装顺序将板分垛码放好。非组合板薄板与叠合现浇层的连接构造如图2.72所示。

（2）安装顺序：

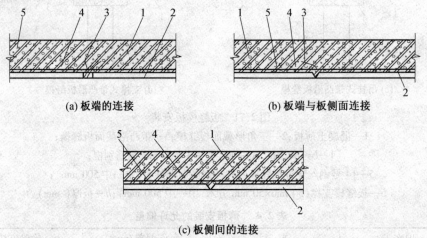

(a) 板端的连接　　　　　　(b) 板端与板侧面连接

(c) 板侧间的连接

图2.72　非组合板薄板与叠合现浇层的连接构造

1—现浇混凝土层；2—预应力薄板；3—伸出钢筋；4—穿吊环锚同筋；5—钢筋

薄板支撑系统安装→薄板的支承龙骨上表面的水平度及标高校核→在龙骨上划出薄板安装位置线、标注出板的型号→板垛吊运、搁置在安装地点→薄板人工抬运、铺放和就位→板缝勾缝处理→整理板端伸出钢筋→薄板吊环的锚固筋铺设和绑扎→绑叠合层钢筋→板面清理、浇水润透（冬施除外）→混凝土浇筑、养护至设计强度后拆除支撑系统。

（3）安装技术要点。

①薄板的支撑系统，可以采用立柱式、桁架式或台架式的支撑系统。支撑系统的设计应按《混凝土结构工程施工质量验收规范》（GB 50204—2015）中模板设计有关规定执行。

②薄板安装，可以由起重机成垛吊运并搁置在支撑系统的龙骨上，或已安装好的薄板上，然后采用人工或机械从一端开始按顺序分块向前铺设。

③薄板一次吊运的块数，除考虑吊装机械的起重能力之外，尚应考虑薄板采用人工码垛及拆垛、安装的方便。对板垛临时停放在支撑系统的龙骨上或者已安装好的薄板上，要注意板垛停放处的支撑系统是否超载，避免该处的支承龙骨或薄板发生断裂，引发板垛坍落事故。

④薄板堆放的铺底支垫，必须要采用通长的垫木（板），板的支垫要靠近吊环位置。其存放场地要平整、夯实以及有良好的排水措施。

⑤吊运板垛采用的钢丝兜索应加设橡胶套管，以避免钢丝索被板棱磨损、切断。吊运板

垛的兜索要靠近板垛的支垫位置,起吊要平稳,要要注意防止发生倾翻事故。

⑥薄板采用人工逐块拆垛、安装时,操作人员的动作要协调一致,避免板垛发生倾翻事故。

⑦薄板铺设和调整好后,应检查其板底与龙骨的搭接面及板侧的对接缝严密与否,如有缝隙时可用水泥砂浆钩严,以避免在浇筑混凝土时产生漏浆现象。

⑧板端伸出钢筋要根据构造要求伸入现浇混凝土层内。穿过薄板吊环内的纵、横锚固筋,必须放在现浇楼板底部钢筋之上。

⑨薄板安装质量允许偏差,和组合板薄板安装允许偏差要求相同。

3 预应力工程施工细部做法

3.1 无黏结预应力混凝土施工

第57讲 在现浇结构中的配置

无黏结预应力混凝土楼盖的结构布置方案、无黏预应力筋的配置数量和配置方式都由设计单位确定,但是了解预应力筋在结构中的布置对掌握无黏结预应力混凝土结构的施工工艺、施工方法是非常重要的。

无黏结预应力混凝土楼盖常采用的结构布置方案有多种类型。无黏结预应力筋于梁中布置时,由于梁的截面尺寸、配筋数量等不尽相同,并考虑保证预应力筋与预应力筋之间、预应力筋与非预应力筋之间应有一定的空隙,无黏结预应力筋在梁截面中的分布常用单根布置与集束布置两种形式,如图3.1所示。在一般的梁板结构中,板中预应力筋多为等间距布置(单向或者双向)。在无梁楼盖中,常在柱上板带比较多一些,如图3.2所示。

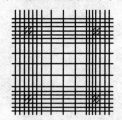

(a) 75%布置在柱上板带,25%布置在跨中板带

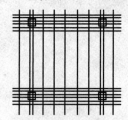

(b) 一向为带状集中布筋,另一向均布筋

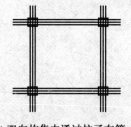

(c) 双向均集中通过柱子布筋

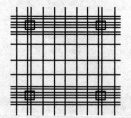

(d) 一向按图(a)布筋,另一向均匀布筋

图3.1 无黏结筋的布置形式

无黏结预应力筋在框架中的线型布设常见有下列几种方式:

(1)正反抛物线布置。常用于支座弯矩和跨中弯矩基本相等的单跨框架梁。切点即为正、反抛物线的交接点,叫做反弯点,如图3.3(a)所示。

(2)直线和抛物线相切的布置。C点即为直线与抛物线的切点,E点即为反弯点,如图3.3(b)所示。

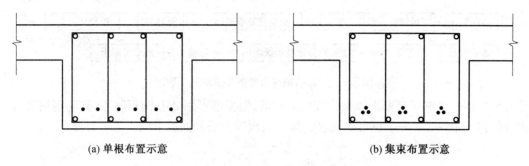

(a) 单根布置示意　　　　　　　(b) 集束布置示意

图 3.2　预应力筋在梁截面中的布置

（3）折线形布置常用于集中荷载作用下的框架梁或者开洞梁,如图 3.3(c)所示。

（4）正反抛物线和直线形混合布置方式。如图 3.3(d)所示。

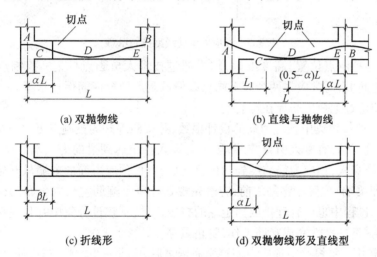

(a) 双抛物线　　　　　　　　(b) 直线与抛物线

(c) 折线形　　　　　　　　(d) 双抛物线形及直线型

图 3.3　框架梁预应力筋布置

$\alpha = 0.1 \sim 0.2, \beta = 0.25 \sim 0.33, L_1 = (0.22 \sim 0.32)L$

上述所列的几种布置方式是仅对一个单跨而言的。事实上,多跨连续结构往往将各单跨的预应力筋连通,形成连续的、通长的预应力配筋。还需要说明的是,上述几种曲线布置方式是对一般情况而言,选用哪种布置方式应由设计人员按照构件的特点、支承条件、受荷形式及受荷大小等因素确定。例如边跨比中间跨跨度小时,预应力筋在小边跨内可以布置成斜直线或平直线;悬挑跨可布置成斜直线;连续多跨梁的中间某一小跨可以布置成平直线或矢高差较小的正反抛物线等。

无黏结预应力筋在板中的线型布置原理与在梁中的线型布置的相同。

无黏结预应力筋除常在梁、板中配置外,有时也可于框架柱中配置。

第58讲　无黏结预应力梁筋的铺放

无黏结预应力混凝土结构施工是一项技术性、专业性很强的工作,应通过预应力专业公司组织实施。然而,预应力部分的施工并不是孤立的,它和一般土建部分的施工有着密切的联系。一般无黏结预应力梁及板楼盖的施工程序如图 3.4 所示。

（1）无黏结预应力筋定位放线。为维持无黏结预应力筋的曲线形状,如图 3.5 所示,在

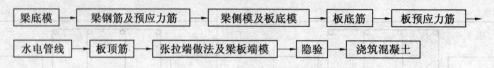

图 3.4　无黏结预应力梁板楼盖的施工程序

梁骨架中焊短横筋于箍筋上以架设预应力梁筋,短横筋可用 $\phi10$ 圆钢制作,其间距按设计要求,通常为 $1.0\sim1.2$ m。也可作钢筋支架控制预应力筋的曲线形状。

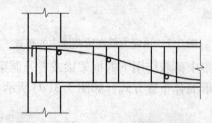

图 3.5　预应力梁筋线型控制示意

　　为使梁筋各控制点位置、高度准确,均需通过技术人员画点标记。控制点可标在箍筋上,或模板及主筋上,通常应在两个肢上画点以使控制点处短横筋保持水平。当各个控制点画好后,即可按位置把短横筋焊在箍筋上。

　　(2)穿筋。按每根梁中预应力筋的设计根数,并按照焊好的控制点可组织穿筋工作。通常可从梁的一端开始,有专人引导前端,用人力穿入直至达到梁的另一端。有时,也可由靠近梁端某处开始穿入,预应力筋前端到达位置之后,再把预应力筋的末端从开始穿筋处退到预定的支座(即梁端)位置。穿筋之前,应事先规划好每个箍筋空格内分布的根数及张拉端处的走向;穿筋过程中也应合理排放固定端的挤压锚具,不宜过分集中并且应深入支座。每根预应力筋应尽量一次性完成穿筋工作,防止重穿。

　　(3)集束绑扎。每根梁中预应力筋穿插完毕之后,应进一步调整位置,使其顺直、相互平行,避免扭绞,并随时用 $20\sim22$ 号铅丝把预应筋绑扎固定在各控制点处的短横筋上。当预应力筋需要集束时,应将几根预应力筋通过铅丝捆绑成束,集束绑扎点的间距不宜大于 1.5 m。

　　(4)安放承压板等配件。预应力筋穿完后,于张拉端处应组装承压板、螺旋筋等配件。承压板为 100 mm×100 mm×12 mm,于中间开设 $\phi20\sim\phi22$ 圆孔的方形钢板。螺旋筋用 $\phi6$ 钢筋制作,螺旋直径约为 $95\sim100$ mm,长度为 4.5 圈。承压板可通过钉子或者螺栓固定在端部模板上,也可使用辅助钢筋将承压板焊接固定,这种方法便于实施,常为施工现场采用。承压板平面应同预应力筋张拉作用线相垂直。螺旋筋由于是开口形,利用旋转的方法即可将其套在预应力筋上。螺旋筋安放完毕后,必须紧靠在承压板上,并且中心与预应力筋同心。通常采取点焊的方法将螺旋筋固定在承压钢板上,防止浇捣混凝土时位移。有时,也可事先把螺旋筋与承压板焊接在一起,施工时一起安装。但这种方法会因为梁端部的非预应力筋以及支座的非预应力筋(柱箍或墙筋或其他梁筋)存在,不便于安装,但是可减少现场焊接作业量。固定端也应安装螺旋筋。

　　在一些特殊位置的张拉端,张拉之后锚具不能突出结构之外,如楼梯间或其他室内的墙面上,或者是为了符合设计要求,均应在张拉端处组装塑料穴模(或用泡沫塑料制作),安装于承压板与模板之间,使承压板后退。组装时各部件之间不应有缝隙。

第59讲 无黏结预应力板筋的铺设

无黏结预应力板筋的铺设程序基本与梁筋的铺设程序相同,即:定位放线→铺放马凳→铺筋→调直绑扎→配件安装。

(1)定位放线。铺筋前应在预应力筋的两端和连续多跨板的中间支座处画出标记点也可作为拉通线调直预应力筋的依据。用卷尺量好后,可将标记点画在底模板上或梁骨架的主筋上。此外,铺筋前还应于底模上画出各控制马凳的位置。

(2)铺放。马凳为维持预应力筋的曲线形状,符合设计要求,采用通长铁马凳架设预应力筋,如图3.6所示,马凳布设间距应按设计要求,通常不应大于2.0 m。马凳可在铺筋前事先加工好,并绑扎或粘贴标牌区分不同规格。这种方法有利于减少在现场作业层的施工时间,使工程进度加快;有利于马凳高度准确,使预应力的矢高得到保证。马凳根据前述画好的位置铺放好,必须绑扎或点焊固定,防止移位。

(3)铺筋。预应力板筋的铺放要比梁筋容易得多。当板的非预应力底部钢筋绑扎完毕之后就可铺设预应力筋,操作空间大,又无穿梁筋时的阻力,按画好的位置标记铺放即可。铺放双向配置的无黏结预应力筋时,应对每个纵横筋交叉点相应的两个标高(或者称矢高)进行比较。对各交叉点标高比较低的无黏结预应力筋应先进行铺设,标高较高的次之,宜避免两个方向的无黏结预应力筋相互穿插铺放。

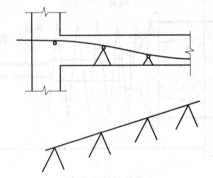

图3.6 预应力板筋线型控制示意

(4)调直绑扎。无黏结预应力筋铺放完毕后,要对照画好的位置标记进行调整及调直,使其保持平行走向,防止相互扭绞。通过20~22号铅丝将预应力筋绑扎固定在各控制点的马凳上。

(5)配件安装。配件的种类和组装方法完全同预应力梁筋。如图3.7所示为无黏结预应力板筋张拉端处做法。

无黏结预应力梁筋、板筋在铺设时应符合以下规定:

无黏结预应力筋对局部破损的外包层,可以用水密性胶带进行缠绕修补,胶带搭接宽度不应小于胶带宽度的1/2,缠绕长度应大于破损长度,严重破损的应予以报废。

张拉端端部模板预留孔应按施工图中规定的无黏结预应力筋的位置编号及钻孔。

敷设的各种管线不应把无黏结预应力筋的垂直位置抬高或压低。无黏结预应力筋垂直位置的偏差,在板内为±5 mm,在梁内为±10 mm。在板内水平位置的偏差不大于±30 mm。无黏结预应力采取竖向、环向或者螺旋形铺放时,应有定位支架或者其他构造措施控制位置。

在板内无黏结预应力筋可以分两侧绕过开洞处铺放,无黏结预应力筋距洞口不宜小于150 mm,水平偏移的曲率半径不宜小于6.5 m。洞口边应配置构造钢筋加强。

无黏结预应力筋的外露长度应根据张拉机具所需的长度确定,无黏结预应力曲线筋或者折线筋末端的切线应垂直于承压板,曲线段的起始点至张拉锚固点应有不小于300 mm的直线段。

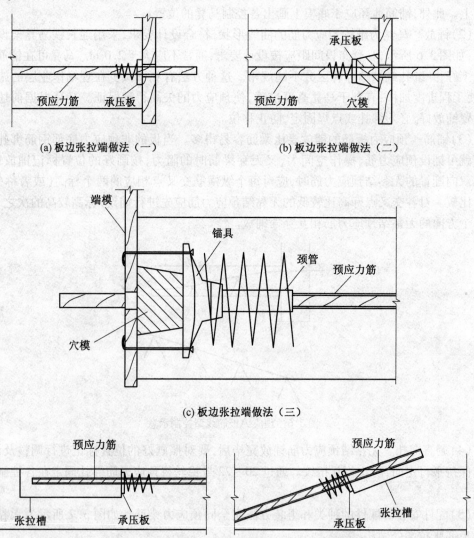

(a) 板边张拉端做法（一）　　　　　　　　(b) 板边张拉端做法（二）

(c) 板边张拉端做法（三）

(d) 板内张拉端做法（一）　　　　　　　　(e) 板内张拉端做法（二）

图3.7　张拉端做法

无黏结预应力筋铺放、安装完毕之后,应进行隐蔽工程验收,当确认合格后方能浇筑混凝土。

在混凝土施工中,不得使用含有氯离子的外加剂;浇筑混凝土时,禁止踏压撞碰无黏结预应力筋、支撑架以及端部预埋部件;张拉端及固定端处混凝土必须振捣密实。

第60讲　无黏结预应力筋的张拉

当混凝土浇筑之后,强度达到张拉所需的设计强度时,即可组织无黏结预应力筋的张拉工作。这一环节为建立预应力值并最终实现设计效果的重要步骤,对无黏结预应力混凝土结构工程的施工质量具有重大的影响。所以,除在预应力筋铺设阶段按设计要求、按规范要求布设为保证质量创造前提条件外,还应在张拉阶段做好张拉设备的正确使用管理及配套校验工作、应力控制与伸长值校核工作以及张拉工艺的全面控制等工作。

(1)张拉设备的使用管理与校验无黏结预应力筋张拉机具及仪表,应由专人使用和管理,并定期做好维护工作,即保持设备各部分表画干净整洁,用洗油清洗工具锚,过滤或更换液压油。建立张拉设备档案并做好检修、维修记录。当搬运移动设备时,应使受力点作用在专用把手上,并应轻拿轻放,避免设备摔碰。操作设备人员应经过一段时间的操作实践后上岗,以便于掌握设备的合理控制技巧。张拉过程中,操作设备人员的视线同压力表盘平面相垂直,防止读数误差过大。安装张拉设备时,对直线的无黏结预应力筋,应使张拉力的作用线重合于无黏结预应力筋中心线;对曲线的无黏结预应力筋,应使张拉力的作用线同无黏结预应力筋中心线末端的切线重合。

张拉设备应配套校验,并且严格按校验报告单中的参数配套使用。所选压力表的精度不宜低于1.5级,校验张拉设备用的试验机或者测力计精度不得低于±2%。校验千斤顶时活塞的运行方向,应与实际张拉工作状态一致,以避免活塞与缸体之间的摩阻由于运行方向不同造成的不利影响。张拉设备的校验期限,不宜超过半年。当张拉设备出现反常现象时或者在千斤顶检修后,应重新校验。

(2)理论伸长值计算无黏结预应力筋伸长值可通过下式计算:

$$\Delta l_p^c = \frac{F_{pm} l_p}{A_p E_p} \tag{3.1}$$

式中　Δl_p^c——无黏结预应力筋理论伸长值(mm);

　　　F_{pm}——无黏结预应力筋的平均张拉力(kN),取张拉端的拉力和固定锚(两端张拉时,取跨中)扣除摩阻损失后拉力的平均值;

　　　l_p——无黏结预应力筋的长度(mm);

　　　A_p——无黏结预应力筋的截面面积(mm²);

　　　E_p——无黏结预应力筋的弹性模量(kN/mm²)。

计算F_{pm}时,应先将固定端(或跨中)扣除摩擦损失后的应力值确定出来,再计算相应的拉力而后取平均值。

在实际工程中,无黏结预应力筋自张拉端至固定端常常由多曲线段或直线与曲线段组成的曲线束,每个曲线段的曲率变化也各不相同,所以应采取分段计算伸长值,然后叠加。这样既可使计算过程清晰,易于掌握,又可获得比较准确的计算结果。

对于任意的全抛物线形曲线可通过下式计算曲线长度:

$$L_T = \left(1 + \frac{8H^2}{3L^2}\right)L \tag{3.2}$$

式中　L_T——抛物线的全长;

　　　L——抛物线弦长;

H——抛物线矢高。

（3）实际伸长值确定。无黏结预应力筋在塑料套管内为自由放置的，则开始张拉时，需要用一定的张拉力使之收紧之后无黏结筋才开始变形伸长。为此，宜在初应力为张拉控制应力（σ_{con}）10%时开始量测，分级记录。其实际伸长值可由量测结果按以下公式确定：

$$\Delta l_p^0 = \Delta l_{p1}^0 + \Delta l_{p2}^0 - \Delta l_c \tag{3.3}$$

式中　Δl_p^0——无黏结预应力筋的实际伸长值；

　　　Δl_{p1}^0——初应力至最大张拉力之间的实测伸长值；

　　　Δl_{p2}^0——初应力以下的推算伸长值。可根据弹性范围内张拉力与伸长值成正比的关系推算确定；

　　　Δl_c——混凝土构件在张拉过程中的弹性压缩值。

按照上述方法确定实际伸长值，为张拉工作增加了较多的工作量。为了加快模板的周转使用，使工程进度加快，节约资金，应尽量缩短每一楼层的张拉作业时间。根据大量的工程实践量测记录，采取直接量取预应力筋原长及张拉后的长度，所得实际伸长值数据与上述方法所得结果误差很小，均可满足要求，所以在一般工程中，可以采用这种简化方法确定实际伸长值。

（4）无黏结预应力筋的张拉。

①对混凝土的强度要求：《无黏结预应力混凝土结构技术规程》（JGJ 92—2004）规定，张拉时，混凝土立方体抗压强度应符合设计要求。当设计无要求时，不宜低于混凝土设计强度等级的75%。

②张拉控制应力：无黏结预应力筋的钢材主要是碳素钢丝与钢绞线，属于高强钢材。张拉控制应力应符合设计要求。相关规范规定，对后张法碳素钢丝、刻痕钢丝以及钢绞线的设计，张拉控制应力取 $0.7 f_{ptk}$（f_{ptk} 为钢丝、钢绞线强度标准值）。为了部分抵消由于应力松弛、摩擦以及钢筋分批张拉等产生的预应力损失而提高张拉控制应力值时，不宜大于碳素钢丝及钢绞线强度标准值的75%。

③张拉程序：在采用超张拉方法减少无黏结预应力筋的松弛损失时，无黏结预应力筋的张拉程序宜为：

$$0 \rightarrow 1.05\sigma_{com} \xrightarrow{\text{持荷2 min}} \sigma_{con} \tag{3.4}$$

或
$$0 \rightarrow 1.03\sigma_{com} \tag{3.5}$$

其中 σ_{com} 为无黏结预应力筋的张拉控制力。

④张拉方案：多层、高层无黏结预应力现浇楼盖结构中，预应力筋的张拉工作同楼层混凝土的浇筑有着密切的联系，不同的施工顺序对整个工程的工期、质量以及经济效益等有较大的影响。

a. 逐层浇筑、逐层张拉。在本层楼盖浇筑完毕后，上层的墙、柱可组织继续施工，当本层楼盖预应力筋张拉完毕后，上一层的楼盖方可组织施工。此类方案应在混凝土达到设计规定强度后才可以张拉，因此在工期中应计入每层混凝土养护时间及预应力筋张拉所需时间。但梁板下的支撑只承担该层的施工荷载，且模板、支撑的用量比较少。对于平面面积较大的工程，可以采取划分流水段的方法减少混凝土养护及张拉等占用的工期，如图3.8（a）所示。

b. 数层浇筑、逆向张拉。即连续浇筑二至三层楼盖后暂停，待最上层梁板混凝土达到设计要求的强度后,由上而下逐层张拉,当最上层张拉完毕后,上部结构方可继续施工。这种方案与前一种相比,显然可几层施工完毕后暂停一次,减少了混凝土养护及张拉的总时间,有利于缩短工期,并且可减少张拉专业队进场次数。但是占用模板与支撑较多,底层支撑需承受上部二至三层的施工荷载。对于平面面积不大且层数较少的工程可以采用,如图3.8(b)所示;

c.数层浇筑、顺向张拉。即浇筑两层楼盖后,自下而上逐层张拉。这种方案可以保持工程连续施工,没有停歇,使张拉工作不占工期。但是底层支撑仍需承受上部两层的施工荷载,占用模板与支撑较多,并且预应力张拉专业进场次数较多。如图3.8(c)所示。

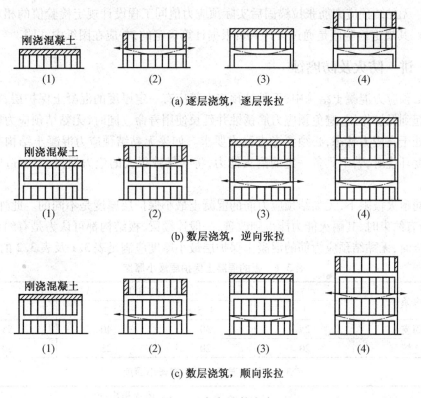

图3.8　框架张拉方案

无黏结预应力筋在张拉时,由于钢绞线与护壁间存在摩擦,同时预应力筋多为曲线形式,使得张拉端与固定端的应力不同,即固定端的应力。然而,在预应力筋张拉完毕的锚固阶段,由于锚具变形和预应力筋内缩,摩擦反向作用影响,会使张拉端的应力有所减少,这种应力变化有时会导致张拉端的应力小于固定端的应力,它在预应力筋曲线弯起角度不大、锚具内缩较大时出现。根据以上分析,当曲线束弯起角度较大时,宜采用两端张拉工艺;当曲线束弯起角度比较小时,应采用一端张拉工艺。另外,无黏结预应力筋的张拉;当筋长大于50 m时,宜采取分段张拉工艺。无黏结预应力筋需进行两端张拉时,可以先在一端张拉并锚固,再在另一端补足张拉后进行锚固。

无黏结预应力筋的张拉顺序应满足设计要求,如设计无要求时,可采用分批、分阶段对称张拉或依次张拉。当采用分批张拉时,后批张拉的预应力筋对先批张拉的预应力筋会造成弹性压缩预应力损失,为消除该损失的影响,可把该项损失在施工时预先在第一批张拉预应力筋的张拉控制应力上进行超张拉;或者在第二批张拉预应力筋完毕后,再对第一批预应力筋进行补张拉。

在一般工程中,当张拉作业的空间受到限制时,可采用变角张拉工艺。无黏结预应力筋张拉时,应逐根填写张拉记录表。根据所填写的记录,随时校核无黏结预应力筋的伸长值。若实际伸长值大于计算伸长值的10%或小于计算伸长值的5%,应将张拉暂停,查明原因并且采取措施予以调整后,方可继续张拉。无黏结预应力筋张拉过程中,当有个别钢丝发生滑脱或者断裂时,可相应降低张拉力。但是滑脱或断裂的数量,不应超过结构同一截面无黏结预应力筋总量的2%,并且一束钢丝只允许一根。对于多跨双向连续板,其同一截面应按照每跨计算。无黏结预应力筋张拉锚固后实际预应力值同工程设计规定检验值的相对允许偏差为±5%。其规定检验值是通过设计人员根据计算确定的,并应在图纸中注明。

第61讲　防火及防腐蚀

无黏结预应力混凝土结构中,无黏结预应力筋应有一定厚度的混凝土保护层,对无黏结预应力筋起到保护作用,避免预应力筋锈蚀并延长使用寿命。同时,无黏结预应力筋在使用阶段始终处于高应力状态,必须要考虑耐火要求。如果无黏结预应力混凝土结构某一部分处于高温度环境时,若不具备一定的耐火能力,将会导致很大的应力损失,以至造成无可挽回的后果。

在不同耐火极限下,无黏结预应力筋的混凝土最小保护层厚度是不同的。此外,经验表明,当结构有约束时,其耐火能力能得到改善,一般连续梁、板结构都可认为是有约束的。不同耐火等级时,无黏结预应力筋的混凝土保护层最小厚度应满足表3.1及表3.2的规定。

表3.1　板的混凝土保护层最小厚度　　　　　　　　　　　　　　单位:mm

约束条件	耐火极限/h			
	1	1.5	2	3
简支	25	30	40	55
连续	20	20	25	30

表3.2　梁的混凝土保护层最小厚度　　　　　　　　　　　　　　单位:mm

约束条件	梁宽/mm	耐火极限/h			
		1	1.5	2	3
简支	200	45	50	65	采取特殊措施
简支	≥300	40	45	50	65
连续	200	40	40	45	50
连续	≥300	40	40	40	45

锚固区的耐火极限主要取决于无黏结预应力筋在锚固处的保护措施和对锚具的保护措施。《无黏结预应力混凝土结构技术规程》(JGJ 92—2004)规定:锚固区的耐火极限应不低于结构本身的耐火极限。国外试验表明,无黏结预应力筋在锚固外的混凝土保护层最小厚度,应当比其锚固区以外的保护层厚度增加7 mm。

无黏结预应力筋张拉锚固之后,应切断钢绞线多余部分的长度,并应对锚固区进行及时保护。切断钢绞线时,宜采用砂轮锯或者其他机械方法切断,严禁采用电弧切断。无黏结预应力筋切断后露出锚具夹片外的长度不得小于30 mm。

　　锚具是后张预应力结构的关键部分,因此,对锚固区的保护是至关重要的。如图3.9所示,锚具的位置通常从混凝土端面缩进一定距离。对镦头锚具,应先用油枪通过锚杯注油孔向连接套管内注入足量防腐油脂(以油脂从另一注油孔溢出为止),然后用防腐油脂把锚环内充填密实,并用塑料或金属帽盖严,然后在锚具和承压板表面涂以防水涂料,如图3.9(a)所示;对夹片锚具,切除外露无黏结预应力筋多余长度之后,再在锚具及承压板表面涂以防水涂料,如图3.9(b)所示。如图3.10所示为锚固区其他防腐做法。

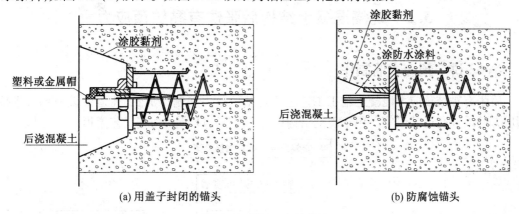

(a) 用盖子封闭的锚头　　　　　　　　　　　(b) 防腐蚀锚头

图3.9　锚固区保护措施

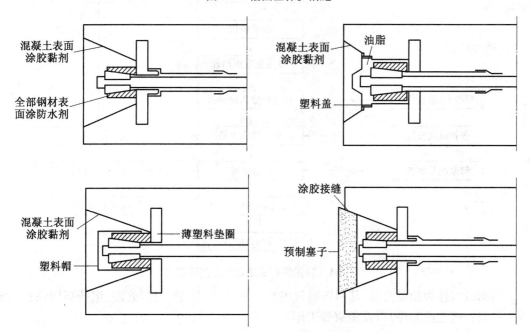

图3.10　锚固区其他防腐做法

　　按以上方法处理后的无黏结预应力筋锚固区,应用后浇膨胀混凝土或低收缩防水砂浆或环氧砂浆密封。在浇筑砂浆前,宜在槽口内壁涂以环氧树脂类胶粘剂。锚固区也以可用后浇的外包钢筋混凝土梁进行封闭,外包圈梁不宜突出在外墙面之外。锚圈区的混凝土或者砂浆净保护层厚度,对于梁不应小于25 mm,对于板不应小于20 mm。

　　对不能使用混凝土或砂浆包裹层的部位,应对无黏结预应力筋的锚具全部涂以与无黏结预应力筋涂料层相同的防腐油脂,并用具有可靠防腐和防火性能的保护套将锚具全部密闭。

在预应力筋全长上和锚具与套管的连接部,外包材料均应连接、封闭且能防水。

在混凝土施工中,不得使用含有氯离子的外加剂;锚固区后浇混凝土或者砂浆不得含有氯化物。

3.2　现浇混凝土结构后张法有黏结预应力

第 62 讲　预应力筋制作

后张有黏结预应力混凝土施工工艺主要包括预应力筋制作加工、孔道留设、穿筋、张拉预应力筋以及孔道灌浆等。用于现浇结构中时,如图 3.11 所示为其工艺流程。

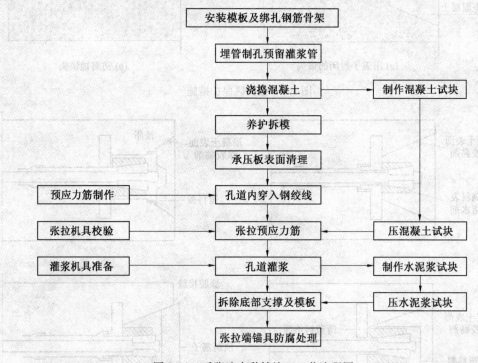

图 3.11　后张法有黏结施工工艺流程图

用钢绞线作为预应力筋,其制作通常包括下料计算、切割、切口处理、组装挤压锚具(当为双端张拉时无此工序)以及编束等工作。

钢绞线应采用连续无接头的通长筋,下料长度 L 可通过下式计算:

一端张拉时:

$$L = l + a + b \qquad (3.6)$$

两端张拉时:

$$L = l + 2a \qquad (3.7)$$

式中　l——构件孔道长度;

　　　a——张拉端留量,与锚具和张拉千斤顶尺寸有关;

b——固定端留量,以不滑脱且锚固后夹片外露长度不少于 30 mm 为准,一般取 80 ~ 120 mm。当采用挤压式锚具固定端时,则不计算固定端留量。

按计算好的长度及根数,采用砂轮锯切割。切割前宜在切口两侧各 50 mm 处用铁丝绑扎,防止松散。现在常采用切割后在切口处用宽胶带缠紧,也便于穿筋。

采用挤压式锚具固定端时,必须在编束前组装好挤压锚头及承压铁板等。挤压式锚具须用专用的挤压机具组装完成。

为使成束钢绞线互相不发生扭结,应编束处理。即将钢绞线调直理顺,用铁丝每隔 1 m 左右绑扎一道,形成束状。

第63讲　孔道留设

孔道留设有钢管抽芯法、胶管抽芯法以及预埋波纹管法。埋波纹管法适用于直线、曲线和折线孔道,更适于现浇结构,目前采用比较普遍。金属波纹管是用冷轧钢带或镀锌钢带在卷管机上压波后螺旋咬口而成的,如图 3.12 所示。

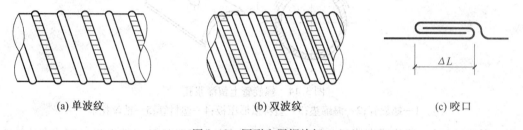

(a) 单波纹　　　　　　　　(b) 双波纹　　　　　　　　(c) 咬口

图 3.12　圆形金属螺旋杆

波纹管具有重量轻、刚度好、弯折方便、连接容易、与混凝土黏结良好以及省去抽管工序等优点。每根管长由运输条件确定,通常为 6 m 长。若在现场加工,长度可根据实际需要确定,既方便施工,又减少了接头。圆形波纹管的公称直径指的是管内径,通常为 30 ~ 120 mm,级差为 5 mm。

金属波纹管进场之后按批验收。每批应由同一钢带、同一台机器制造的同一代号的波纹管组成,每 50 000 m 为一批,不足 50 000 m 也作为一批。每批中任意抽取六个试件经尺寸检验合格后,每三个为一组分别进行集中荷载及荷载作用后抗渗漏检验和均布荷载及荷载作用后抗渗漏检验。此外,还应任取三个试件进行抗弯曲渗漏性能检验。

波纹管的安装,宜事先按照设计要求的坐标在梁的侧模上、已成型的钢筋骨架上画线、画点,以控制管底为准(换算好预应力筋合力中心到管底的距离)。采用钢筋井字架固定波纹管的位置,并用铁丝绑扎牢固防止浇混凝土使其移位。井字架的间距宜为 1 m。波纹管接长时,采用大一号(内径大一个级差)同型波纹管作为接头管,长度为 200 mm,承插不少于 50 mm 深度,用胶带密封或者用热塑管封口。如图 3.13 所示。

波纹管安装过程中或者安装完毕后应设置灌浆孔(兼做排气孔)。灌浆孔通常设在构件的两端、连续梁的中间支座处以及每跨的跨中部位,考虑孔道内气流通畅,灌浆孔间距不宜大于 12 m,内径不小于 16 mm。端部灌浆孔可以设置在锚具或铸铁喇叭处,中间灌浆孔的设置如图 3.14 所示。在波纹管上开口,用带嘴(接口管)的塑料或者金属弧形压板覆盖并用铁丝扎牢,弧形盖板与波纹管间设海绵垫片,弧形盖板边缘用胶带缠绕密实防止漏浆。最后在嘴(接口管)处,用塑料管接出梁表面高度不小于 500 mm 作为灌浆管。塑料管宜稍坚硬一

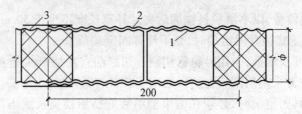

图 3.13　螺旋管的连接

1—螺旋管;2—接头管;3—密封胶带

些避免浇筑混凝土时挤扁。也可在浇筑混凝土前先于塑料管内临时插放一根 φ12～φ14 的钢筋,灌浆前拔出。

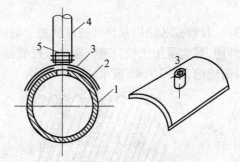

图 3.14　螺旋管上留灌浆孔

1—螺旋管;2—海绵垫;3—塑料弧形压板;4—塑料管;5—铁丝扎牢

安装波纹管、灌浆管完毕后,应认真检查其位置、曲线形状是否符合设计要求,固定是否牢靠,管壁有无破损以及接头是否密封等,并及时用胶带修补。还应防止其他作业的电焊火花烧伤管壁。

波纹管位置的垂直偏差通常不宜大于±20 mm,水平偏差在 1 000 mm 范围内也不宜大于±20 mm。

第 64 讲　预应力筋穿束

预应力筋穿入孔道,简称穿束。根据穿束和浇筑混凝土之间的先后关系,可分为先穿束法与后穿束法两种。

(1)先穿束法。先穿束法就是在浇筑混凝土之前穿筋。对埋入式固定端或采用连接器施工,必须采用先穿束法。此法穿束省力,但是穿束占用工期。按穿束与预埋波纹管之间的配合,又可分为先穿束后装管、先装管后穿束以及二者组装后放入三种情况。以第二种情况应用较多。

(2)后穿束法。后穿束法就是在浇筑混凝土之后穿筋。此法可在混凝土养护期内进行,不占工期,便于用通孔器或者高压水通孔,穿束后即行张拉,易于防锈,但穿束较为费力。

先穿束法和后穿束法均可由人工完成。但对于超长束、特重束以及多波曲线束等整束穿的情况,人力穿束确有困难,可以采用卷扬机穿束或用穿束机穿束。

第 65 讲　预应力筋张拉

后张法张拉预应力筋时,混凝土强度应满足设计要求,如设计无规定时,不应低于混凝土设计强度等级的75%。

（1）张拉控制应力和张拉程序。张拉控制应力取值按照设计要求，并应符合表3.3的规定。预应力筋的张拉程序可按以下程序之一进行：

$$0 \rightarrow 103\% \sigma_{con}$$

或

$$0 \rightarrow 105\% \sigma_{con} \xrightarrow{\text{持荷 2 min}} \sigma_{con}$$

表3.3　张拉控制应力限制

钢筋种类	张拉方法	
	先张法	后张法
消除应力钢丝、钢绞线	$0.75f_{ptk}$	$0.75f_{ptk}$
热处理钢筋	$0.70f_{ptk}$	$0.65f_{ptk}$

注：为预应力筋极限抗拉强度标准值。

（2）张拉顺序。张拉应使构件不扭转及侧弯，不产生过大偏心力，也不应使结构产生较大的不利影响，所以张拉顺序的确定应按设计要求。预应力筋一般应对称张拉。当配有多束预应力筋不能同时张拉时，应分批、分阶段以及对称张拉。

分批张拉时，因为后批张拉力的作用，使混凝土再次产生弹性压缩导致先批预应力筋应力下降。施工时，可通过计算确定应力损失值并加到先批张拉的应力中去，也可以在后批张拉后对先批预应力筋逐束补足。

（3）张拉端的设置。为了使预应力筋与孔壁摩擦引起的应力损失减少，对预埋波纹管孔道，曲线预应力筋与长度大于30 m的直线预应力筋，宜在两端张拉；对于抽芯孔道，曲线预应力筋和长度大于24 m的直线预应力筋，应在两端张拉。长度不大于30 m的直线波纹管孔道及长度不大于24 m的直线抽芯孔道均可在一端张拉。当同一截面中有多束一端张拉的预应力筋时，张拉端宜分别设于结构或者构件的两端，以免受力不均匀。

（4）预应力值的校核和伸长值的测定。在后张法施工中，应利用测定实际伸长值的方法校核应力建立的可靠性。按规范规定：实际伸长值与计算伸长值（理论伸长值）的相对误差应在±6%以内；预应力筋张拉锚固后，实际预应力值与工程设计规定检验值的相对允许偏差为±5%。理论伸长值按照设计取定或通过项目工程师在张拉前计算确定。实际伸长值的确定与先张法相似，即为初应力以下推算伸长值加上初应力至最终应力的实测伸长值减去混凝土结构或者构件的弹性压缩值。

预应力筋的实际应力值测定也可以在张拉锚固24 h后孔道灌浆前重新张拉，依据油压表开始持力时的读数确定。

以上借助张拉阶段油表读数和二次张拉油表读数确定实际应力的方法施工简便，是当前普遍用于预应力筋张拉力值测定方法，但精度较低。对重要工程及重要场合应选用测力传感器进行测定。目前，国内设计生产的测力传感器有电阻应变式传感器（如CYL型和LY型传感器）与振弦式测力传感器（如XC型振弦式测力传感器）。

第66讲　孔道灌浆

预应力筋张拉完毕之后，应进行孔道灌浆。其目的是为了避免预应力筋锈蚀，增加结构的整体性和耐久性，改善结构出现裂缝时的状况，使结构的抗裂性提高。

水泥浆强度不应低于M20，并且应有较好的流动性，流动度约为150～200 mm，应有较小的干缩性及泌水性。水泥应采用不低于 32.5 号普通硅酸盐水泥,水灰比控制在 0.4 ~ 0.45,搅拌后 3 h 泌水率宜控制在 2% ,最大不得超过 3% ,对于孔隙较大的孔道,可以采用水泥砂浆灌浆。

为了使孔道灌浆的密实性增加,减少泌水和体积收缩,水泥浆中可掺入对预应力筋无腐蚀作用的外加剂。如掺入水泥重量 0.25% 的木质素磺酸钙,或者掺入水泥重量 0.05% 的铝粉。外加剂种类及其掺量各地可通过试验确定,水灰比也可适当降低,但须确保外加剂对预应力筋无锈蚀作用,能顺利完成灌浆工作。

灌浆用的水泥浆或者砂浆应过筛,搅拌时间应确保水泥浆混合均匀,一般需 2 ~ 3 min。灌浆过程中应不断搅拌,当灌浆过程短暂停顿时,应使水泥浆在搅拌机和灌浆机内循环流动。灌浆机械一般采用电动灰浆泵,有柱塞式、螺杆式以及挤压式和气动式几种类型。

灌浆前应用压力水冲洗孔道,湿润孔壁,确保水泥浆流动正常。对于金属波纹管孔道,可不冲洗,但应用空气泵检查通气情况。

灌浆由一个灌浆孔开始,连续进行,不得中断。由近至远逐个检查出浆口,当出浓浆后逐一封闭,待最后一个出浆孔出浓浆后,封闭出浆孔并继续加压到 0.5 ~ 0.6 MPa。当有上下两层孔道时,应先下后上,以防止上层孔道漏浆时把下层孔道堵塞。当灰浆强度达到 20 N/ mm² 时,方可将结构的底部支撑拆除。孔道灌浆的质量可借助冲击回波仪检测。

3.3　预应力混凝土先张法施工

第 67 讲　一般先张法工艺

(1)工艺流程。一般先张法的施工工艺流程包括:预应力筋的加工、铺设;预应力筋张拉;预应力筋放张;质量检验等。

(2)预应力筋的加工与铺设。

①预应力筋的加工。预应力钢丝及钢绞线下料,应采用砂轮切割机,不得采用电弧切割。

②预应力筋的铺设。长线台座台面(或胎模)应在铺设预应力筋前涂隔离剂。隔离剂不应沾污预应力筋,防止影响预应力筋与混凝土的黏结。如果预应力筋遭受污染,应使用适宜的溶剂加以清洗干净。在生产过程中,应避免雨水冲刷台面上的隔离剂。

预应力筋和工具式螺杆连接时,可采用套筒式连接器(图 3.15)。

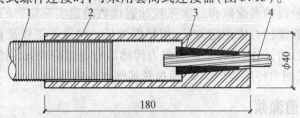

图 3.15　套筒式连接器

1—螺杆或精轧螺纹钢筋;2—套筒;

3—工具式夹片;4—钢绞线

③预应力筋夹具。夹具是把预应力筋锚固在台座上并承受预张力的临时锚固装置,夹具应具有良好的锚固性能和重复使用性能,并有安全保障。先张法的夹具可分为用于张拉的张拉端夹具与用于锚固的锚固端夹具,夹具的性能应符合《预应力筋用锚具、夹具和连接器》GB/T14370-2007 和行业标准《预应力筋用锚具、夹具和连接器应用技术规程》JGJ 85-2010 的要求。

夹具可按照所夹持的预应力筋种类分为钢丝夹具与钢绞线夹具。

钢丝夹具:可夹持直径 3～5 mm 的钢丝,钢丝夹具包括锥形夹具与镦头夹具。

钢绞线夹具:可采用两片式或者三片式夹片锚具,可以夹持不同直径的钢绞线。

(3)预应力筋张拉。

①预应力钢丝张拉。

a.单根张拉。张拉单根钢丝,因为张拉力较小,张拉设备可选择小型千斤顶或者专用张拉机张拉。

b.整体张拉。

ⅰ.在预制厂以机组流水法或者传送带法生产预应力多孔板时,还可以在钢模上用镦头梳筋板夹具整体张拉。钢丝两端镦头,一端卡在固定梳筋板上,而另一端卡于张拉端的活动梳筋板上。用张拉钩钩住活动梳筋板,再借助连接套筒将张拉钩与拉杆式千斤顶连接,即可张拉。

ⅱ.在两横梁式长线台座上生产刻痕钢丝配筋的预应力薄板时,钢丝两端采用单孔镦头锚具(工具锚)安装在台座两端钢横梁外的承压钢板上,通过设置在台墩与钢横梁之间的两台台座式千斤顶进行整体张拉。也可采用单根钢丝夹片式夹具代替镦头锚具,方便施工。

当钢丝达到张拉力至后,锁定台座式千斤顶,直至混凝土强度达到放张要求后,再将千斤顶放松。

c.钢丝张拉程序。预应力钢丝因为张拉工作量大,宜采用一次张拉程序,$0 \rightarrow (1.03 \sim 1.05)\sigma_{con}$锚固。

其中,1.03～1.05 是考虑温度影响、测力的误差、台座横梁或定位板刚度不足、台座长度不符合设计取值以及工人操作影响等。

②预应力钢绞线张拉。

a.单根张拉。

在两横梁式台座上,单根钢绞线可以采用与钢绞线张拉力配套的小型前卡式千斤顶张拉,单孔夹片工具锚固定。为了节约钢绞线,也可采用工具式拉杆同套筒式连接器。如图3.16所示。

预制空心板梁的张拉顺序可先由中间向两侧逐步对称张拉。对预制梁的张拉顺序也要左右对称进行。如梁顶与梁底均配有预应力筋,则也要上下对称张拉,避免构件产生较大的反拱。

b.整体张拉。

在三横梁式台座上,可采用台座式千斤顶整体张拉预应力钢绞线,如图3.17 所示。台座式千斤顶与活动横梁组装在一起,通过工具式螺杆与连接器将钢绞线挂在活动横梁上。张拉前,宜采用小型千斤顶在固定端逐根调整钢绞线初应力。当张拉时,台座式千斤顶推动活动横梁带动钢绞线整体张拉。然后用夹片锚或者螺母锚固在固定横梁上。为了节约钢绞

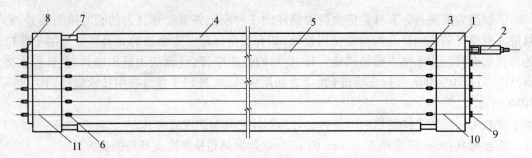

图 3.16 单根钢绞线张拉示意图

1—横梁;2—千斤顶;3、6—连接器;4—槽式承力架;5—预应力筋;7—放张装置;
8—固定端锚具;9—张拉端螺帽锚具;10、11—绞线连接拉杆

线,其两端可再配置工具式螺杆与连接器。对预制构件较少的工程,可将工具式螺杆取消,直接将钢绞线用夹片锚锚固在活动横梁上。如利用台座式千斤顶整体放张,则可取消固定端放张装置。在张拉端固定横梁和锚具之间加 U 形垫片,利于钢绞线放张。

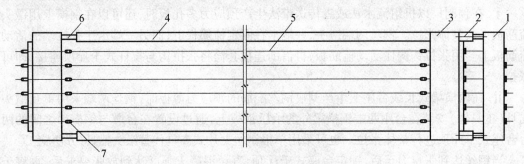

图 3.17 三横梁式成组张拉装置

1—活动横梁;2—千斤顶;3—固定横梁;4—槽式台座;
5—预应力筋;6—放张装置;7—连接器

c. 钢绞线张拉程序。

采用低松弛钢绞线时,可采取一次张拉程序。

对单根张拉,$0 \rightarrow \sigma_{con}$(锚固)

对整体张拉,$0 \rightarrow$初应力调整一 σ_{con}锚固)

③预应力张拉值校核。

预应力筋的张拉力,通常采用张拉力控制,伸长值校核,张拉时预应力筋的理论伸长值同实际伸长值的允许偏差为±6%。

预应力筋张拉锚固后,应采用测力仪检查所建立的预应力值,其偏差不得大于或者小于设计规定相应阶段预应力值的5%。

预应力筋张拉应力值的测定有多种仪器可以选择使用,通常对于测定钢丝的应力值多采用弹簧测力仪、电阻应变式传感仪以及弓式测力仪。对于测定钢绞线的应力值,可采用压力传感器、电阻式应变传感器或者借助连接在油泵上的液压传感器读数仪直接采集张拉力等。

预应力钢丝内力的检测,通常在张拉锚固后 1 小时内进行。此时,锚固损失已完成,钢筋松弛损失也部分产生。检测时应在设计图纸上注明预应力设计规定值,当设计无规定时,可按有关规范及标准执行。

④张拉注意事项：

a. 张拉时，张拉机具与预应力筋应在一条直线上；同时在台面上每隔一定距离放置一根圆钢筋头或相当于保护层厚度的其他垫块，以防预应力筋由于自重下垂，破坏隔离剂，沾污预应力筋。

b. 预应力筋张拉并锚固后，应确保测力表读数始终保持设计所需的张拉力。

c. 预应力筋张拉完毕后，对设计位置的偏差不得大于 5 mm，并且也不得大于构件截面最短边长的 4%。

d. 在张拉过程中发生断丝或者滑脱钢丝时，应予以更换。

e. 台座两端应有防护设施。张拉时沿台座长度方向每隔 4~5 m 放置一个防护架，两端严禁站人，也不准进入台座。

（4）预应力筋放张。预应力筋放张时，混凝土的强度应符合设计要求；如设计无规定，不应低于设计的混凝土强度标准值的 75%。

①放张顺序。预应力筋放张顺序，应根据设计与工艺要求进行。如无相应规定，可按以下要求进行：

a. 轴心受预的构件（如拉杆和桩等），所有预应力筋应同时放张。

b. 偏心受预压的构件（如梁等），应先同时放张预压力比较小区域的预应力筋，再同时放张预压力比较大区域的预应力筋。

c. 如不能符合以上两项要求时，应分阶段、对称、交错地放张，防止在放张过程中构件产生弯曲、裂纹以及预应力筋断裂。

②放张方法。预应力筋的放张，应采取缓慢释放预应力的方法进行，避免对混凝土结构的冲击。如下为常用的放张方法：

a. 千斤顶放张。用千斤顶拉动单根拉杆或螺杆，将螺母松开。放张时由于混凝土与预应力筋已结成整体，松开螺母所需的间隙只能是最前端构件外露钢筋的伸长，所以，所施加的应力需要超过控制值。

采用两台台座式千斤顶整体缓慢放松（图 3.18），应力均匀，并且安全可靠。放张用台座式千斤顶可专用或与张拉合用。为避免台座式千斤顶长期受力，可采用垫块顶紧，替换千斤顶承受压力。

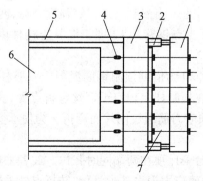

图 3.18 两台千斤顶放张

1—活动横梁；2—千斤顶；3—横梁；4—绞线连接器；5—承力架；6—构件；7—拉杆

b. 机械切割或氧炔焰切割。对先张法板类构件的钢丝或者钢绞线,放张时可直接用切割机械或氧炔焰切割。放张工作宜由生产线中间处开始,以减少回弹量且有利于脱模;对每一块板,应从外向内对称放张,防止构件扭转而端部开裂。

③放张注意事项。

a. 为了检查构件放张时钢丝与混凝土的黏结可靠与否,切断钢丝时应测定钢丝往混凝土内的回缩数值。

钢丝回缩值的简易测试方法是在板端贴玻璃片与在靠近板端的钢丝上贴胶带纸用游标卡尺读数,其精度可达0.1 mm。

钢丝的回缩值不应大于1.0 mm。若最多只有20%的测试数据超过上述规定值的20%,则检查结果是令人满意的。若回缩值大于上述数值,则应加强构件端部区域的分布钢筋、提高放张时混凝土强度等。

b. 放张前,应拆除侧模,使放张时构件可自由变形,否则将损坏模板或使构件开裂。对有横肋的构件(如大型屋面板),其端横肋内侧面同板面交接处做出一定的坡度或者作成大圆弧,以便预应力筋放张时端横肋能沿着坡面滑动。在必要时在胎模与台面之间设置滚动支座。这样,在预应力筋放张时,构件和胎模可随着钢筋的回缩一起自由移动。

c. 用氧炔焰切割时。应采取隔热措施,避免烧伤构件端部混凝土。

第68讲　折线张拉工艺

桁架式或者折线式吊车梁配置折线预应力筋,可充分发挥结构受力性能,节约钢材,减轻自重。折线预应力筋可采用垂直折线张拉(构件竖直浇筑)与水平折线张拉(构件平卧浇筑)两种方法。

(1)垂直折线张拉。通过槽型台座制作折线式吊车梁的示意图如图3.19所示。共12个转折点。在上下转折点处设置上下承力架,以支撑竖向力。预应力筋张拉可以采用两端同时或分别按$25\%\sigma_{con}$逐级加荷至$100\%\sigma_{con}$的方式进行,以使预应力损失减少。

为了减少预应力损失,应尽可能减少转角次数,据实测,通常转折点不宜超过10个(故台座也不宜过长)。为了减少摩擦,可把下承力架做成摆动支座,摆动位置用临时拉索控制。上承力架焊在两根工字钢梁上,工字钢梁搁放于台座上,为使应力均匀,还可在工字钢梁下设置千斤顶,将钢梁开至承力架向上顶升一定的距离,以补足预应力(成为横向张拉)。

钢筋张拉完毕后浇筑混凝土。当混凝土达一定强度之后,两端同时放松钢筋,最后抽出转折点的圆柱轴8、13,只剩下支点钢管7、12埋于混凝土构件内(钢管直径$D \geqslant 2.5$倍钢筋直径)。

(2)水平折线张拉。图3.20为借助预制钢筋混凝土双肢柱作为台座压杆,在现场对生产桁架式吊车梁的示意图。在预制柱上相应于钢丝弯折点处,套以钢筋抱箍5,并且装置短槽钢7,连以焊接钢筋网片,预应力筋通过网片而弯折。为使承受张拉时产生的横向水平力,在短槽钢上安置木撑6、8。

两根折线钢筋可以用4台千斤顶在两端同时张拉。或者采用两台千斤顶同时在一端张拉后,再在另一端补张拉。为使应力损失减少,可在转折点处采取横向张拉,以补足预应力。

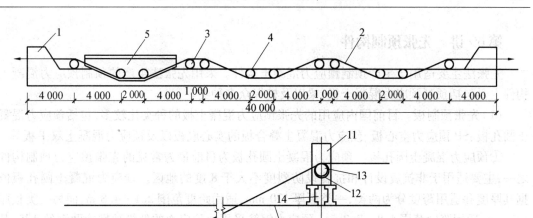

图 3.19 折线吊车梁预应力筋垂直折线张拉示意图

1—台座;2—预应力筋;3—上支点(即圆钢管 12);4—下支点(即圆钢管 7);
5—吊车梁;6—下承力架;7、12—钢管;8、13—圆柱轴;9—连销;10—地锚;
11—上承力架;14—工字钢梁

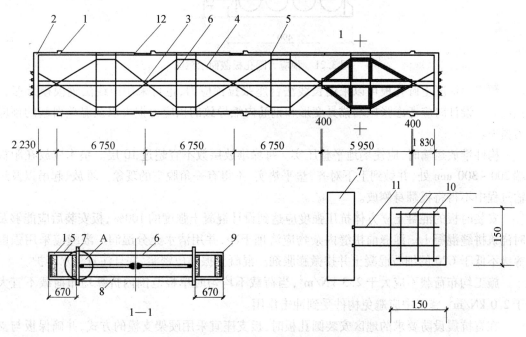

图 3.20 预应力筋水平折线张拉示意图

1—台座;2—横梁;3—直线预应力筋;4—折线预应力筋;5—钢筋抱箍;6、8—木撑;
7—8 号槽钢;9—70×70 方木;10—3φ10 钢筋;11—2φ18 钢筋;12—砂浆填缝

第69讲　先张预制构件

先张法主要适用于生产预制预应力混凝土构件。采用先张法生产的预制预应力混凝土构件主要包括预制预应力混凝土板、梁以及桩等众多种类。

(1)先张预制板。目前国内应用的先张预应力混凝土板的种类比较多,包括预应力混凝土圆孔板、SP预应力空心板、预应力混凝土叠合板的实心底板以及预应力混凝土双T板等。

①预应力混凝土圆孔板。预应力混凝土圆孔板为目前最为常见的先张预应力预制构件之一,主要适用于非抗震设计和抗震设防烈度不大于8度的地区。预应力混凝土圆孔板依据其厚度和适用跨度分为两类,一类板厚120 mm,适用跨度范围2.1~4.8 m,而另一类板厚180 mm,适用跨度范围4.8~7.2 m。预应力钢筋采用消除应力的低松弛螺旋肋钢丝ϕ^H5,其抗拉强度标准值为1 570 MPa,构造钢筋采用HRB335级钢筋。0.5 m宽120 mm厚的预应力混凝土圆孔板截面示意图如图3.21所示。

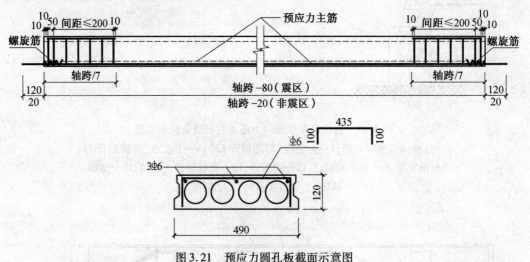

图3.21　预应力圆孔板截面示意图

预应力混凝土圆孔板可以采用长线法台座张拉预应力,也可采用短线法钢模模外张拉预应力。设计时应考虑张拉端锚具变形和钢筋内缩导致的预应力损失以及温差引起的预应力损失。

构件堆放运输时,应使场地平整压实。每垛堆放层数不宜超过10层。垫木应放在距板端200~300 mm处,并做到上下对齐,垫平垫实,不得有一角脱空的现象。堆放、起吊以及运输过程中不得将板翻身侧放。

安装时板的混凝土立方体抗压强度应达到设计混凝土强度的100%,板安装后应能够及时浇筑拼缝混凝土。灌缝前拼缝内杂物应清理干净,并用清水充分湿润。灌缝应采用强度等级不低于C20的细石混凝土并掺微膨胀剂。混凝土振捣应密实,并且注意浇水养护。

施工均布荷载不应大于2.5 kN/m²,当荷载不均匀时单板范围内折算均布荷载不宜大于2.0 kN/m²,施工中应避免构件受到冲击作用。

在有抗震设防要求的地区安装圆孔板时,板支座宜采用硬架支模的方式,并确保板与支座实现可靠的连接。

②SP预应力空心板。SP预应力空心板特指美国SPANCRETE公司和其授权的企业生

产的预应力混凝土空心板。主要适用于抗震设防烈度不大于 8 度的地区。SP 预应力空心板通常板宽为 1 200 mm,板的厚度介于 100~380 mm,适用跨度范围介于 3~18 m。有关 SP板轴跨及板厚的对应关系见表3.4。

表 3.4　SP 板轴跨与板厚对应关系　　　　　　　　　　　　　　单位:mm

	板厚		180	120	150
轴跨		SP	3 000~5 100	3 000~6 000	4 500~7 500
		SPD	4 200~6 300	4 800~7 200	5 400~9 000
	板厚		180	200	250
轴跨		SP	4 800~9 000	5 100~10 200	5 700~12 600
		SPD	6 900~10 200	7 200~10 800	8 400~13 800
		40SP	4 800~9 000	5 100~10 200	5 700~12 600
	板厚		300	380	
轴跨		SP	6 900~15 000	8 400~18 000	
		SPD	9 600~15 000	12 000~18 000	
		40SP	6 900~15 000	8 400~18 000	

注:表中 SP 指无叠合层的 SP 板,钢绞线保护层厚度 20 mm,40SP 指无叠合层的 SP 板,钢绞线保护层厚度 40 mm。SPD 指在 SP 板顶面现浇 50~60 mm 厚细石混凝土叠合层的板。

　　SP 板的预应力钢筋多采用 1860 级的 1×7 低松弛钢绞线,其直径包括 9.5,11.1,12.7 mm 三种,有时也采用 1570 级的 1×3 低松弛钢绞线,直径 8.6 mm。1.2 m 宽 200 mm 厚的 SP 板截面示意图如图 3.22 所示。

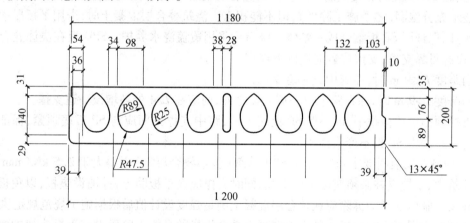

图 3.22　SP 板截面示意图

　　放张预应力钢绞线时板的混凝土立方体抗压强度必须达到设计混凝土强度等级值的 75% ,并应同时在两端左右对称放张,严禁采用骤然放张。

　　在生产时应对板采取有效措施,并确认钢绞线放张时不会引起板面开裂。对采用 12 根和 12 根以上直径 12.7 mm 钢绞线的板,更应采取加强板端部抗裂能力或者取消部分钢绞线端部一定长度内的握裹力等特殊措施,以避免放张板面开裂。如采取降低预应力张拉控制值时,应注意其对板允许荷载表的影响,采取取消部分钢绞线端部一定长度内的握裹力措施时应考虑对板端部抗裂及承载能力的影响。

　　空心板端部预应力钢绞线的实测回缩(缩入混凝土切割面)值应符合以下规定:

每块板各端的所有钢绞线回缩值的平均值,不得大于2 mm;且单根钢绞线的回缩值不得大于3 mm(板端部涂油的钢绞线的允许回缩值另行确定)。回缩值不合格的板应依据实际情况经特殊处理后方可使用。

构件堆放及运输时,场地应平整压实。每垛堆放总高度不宜超过2.0 m,垫木应放在距板端200~300 mm处,并做到上下对齐,垫平垫实,不得有一角脱空的现象。堆放、起吊以及运输过程中不得将板翻身侧放。SP板的支撑处应平整,确保板端在支承处均匀受力。为减轻承重墙对板端的约束和便于拉齐板缝,在板底设置塑胶垫片会取得比较好的效果。

安装SP板时,通常宜将两块板之间板底靠紧安置,但板顶缝宽不宜小于20 mm。

为了确保空心板楼(屋)盖体系中,相邻SP板之间能相互传递剪力和协调相邻板间垂直变位,应做好板缝的灌缝工作。所以,应注意以下事项:

一般应采用强度不小于20 N/mm²的水泥砂浆,或者强度不小于C20的细石混凝土灌实。灌缝用砂浆或细石混凝土应有良好的和易性,确保板间的键槽能浇注密实。所有SP板SPD板的灌浆工作,均应在吊装板之后,进行其他工序前尽快实施。在灌缝砂浆强度小于10 N/mm²时,板面不得进行任何施工工作。灌缝前应采取措施(加临时支撑或在相邻板间加夹具等)确保相邻板底平整。灌缝前应清除板缝中的杂物,按具体工程设计要求设置好缝中钢筋,并且使板缝保持清洁湿润状态,灌浇后应注意养护,必须确保板缝浇灌密实。

SPD板顶面应有凹凸差不小于4 mm的人工粗糙面。以保证叠合面的抗剪强度大于0.4 N/mm²。应在SPD板叠合层中间配置直径≥6 mm,间距200 mm的钢筋网,或直径4~5 mm间距200 mm的焊接钢筋网片。浇筑叠合层混凝土至前,必须将SP板板面清扫干净,并且浇水充分湿润(冬季施工除外),但不能积水。浇筑叠合层混凝土时,采用平板振动器振捣密实,以保证同SP板结合成一整体。浇筑后采用覆盖浇水养护。SPD板在浇注叠合层阶段,应设有可靠支撑,支撑位置应按以下规定:

当跨度$L \leqslant 9$ m时,在跨中设一道支撑;

当跨度$L > 9$ m时,除在跨中设一道支撑之外,尚应在$L/4$处各增设一道支撑。

支撑顶面应严格找平,以确保SP板底平整,跨中支撑顶面应与SP板底顶紧,保证在浇筑叠合层过程中SP板不产生挠度。

SP板施工安装时要求布料均匀,施工荷载(包括叠合层重)不得大于2.5 kN/mm²。在多层建筑中,上层支柱必须对准下层支柱,同时支撑应设于板肋上,并铺设垫板,以免板受支柱的冲切。临时支撑的拆除应在叠合层混凝土满足强度设计值后根据施工规范规定执行。

③预应力混凝土叠合板。预应力混凝土叠合板指的是施工阶段设有可靠支撑的叠合式受弯构件。其采用50 mm或者60 mm厚实心预制预应力混凝土底板,上浇叠合层混凝土,形成完全黏结。主要适用于非抗震设计和抗震设防烈度不大于8度的地区。

预应力混凝土叠合板的材料及规格详见表3.5。

表 3.5 预应力混凝土叠合板规格

底板厚度/叠合层厚/mm		50/60、70、80、60/80、90	
底板预应力筋	钢筋种类	螺旋肋钢丝	冷轧带肋钢筋
	直径/mm	Φ^H5	Φ^R5
	抗拉强度标准值/(N·mm^{-2})	1 570	800
	抗拉强度设计值/(N·mm^{-2})	1 110	530
	弹性模量	2.05×10^5	1.9×10^5
	底板构造钢筋种类	冷轧带肋钢筋 CRB550(Φ^R5)也可采用 HPB235 或 HRB335 级钢筋	
	支座负钢筋种类	HRB335、HRB400 级钢筋	
	吊钩	HPB235 级钢筋	
	底板混凝土强度等级	C40	
	叠合层混凝土强度等级	C30	

典型的 50 mm 厚的预制预应力混凝土底板示意图如图 3.23 所示。

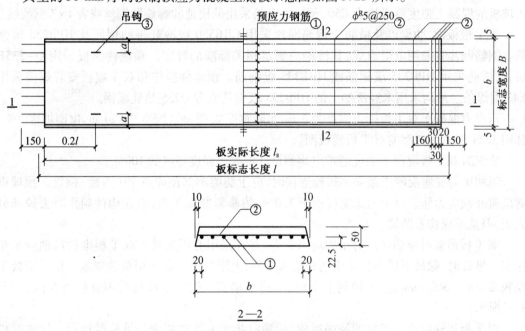

图 3.23 预制预应力混凝土底板示意图

叠合板如需开洞,需在工厂生产中先在板底中预留孔洞(孔洞内预应力钢筋暂不切除),叠合层混凝土浇筑时留出孔洞,叠合板达到强度后将孔洞内预应力钢筋切除。洞口处加强钢筋及洞板承载能力由设计人员根据实际情况进行设计。

应将底板上表面做成凹凸不小于 4 mm 的人工粗糙面,可用网状滚筒等方法成型。

底板吊装时应慢起慢落,并避免与其他物体相撞。

堆放场地应平整夯实,堆放时使板同地面之间应有一定的空隙,并设排水措施。板两端(至板端 200 mm)及跨中位置都应设置垫木,当板标志长度≤3.6 m 时跨中设一条垫木,板标志长度>3.6 m 时跨中设两条垫木,垫木应上下对齐。不同板号应分别堆放,堆放高度不宜多于 6 层,堆放时间不宜长于两个月。

混凝土的强度达到设计要求后方能出厂。运输时板的堆放要求同上,但是要设法在支点处绑扎牢固,以防移动或跳动。在板的边部或者与绳索接触处的混凝土,应采用衬垫加以保护。

底板就位前应在跨中及紧贴支座部位均设置通过柱和横撑等组成的临时支撑。当轴跨 $l \leqslant 3.6$ m 时跨中设一道支撑;当轴跨 3.6 m$<l \leqslant 5.4$ m 时跨中设两道支撑;当轴跨 $l > 5.4$ m 时跨中设置三道支撑。支撑顶面应严格抄平,以确保底板板底面平整。多层建筑中各层支撑应设置在一条竖直线上,防止板受上层立柱的冲切。

临时支撑拆除应根据施工规范规定,通常保持连续两层有支撑。施工均布荷载不应大于 1.5 kN/ mm²,荷载不均匀时单板范围内折算均布荷载不宜大于 1 kN/ mm²,否则应当采取加强措施。施工中应避免构件受到冲击作用。

④预应力混凝土双 T 板。预应力混凝土双 T 板一般采用先张法工艺生产,适用于非抗震设计及抗震设防烈度不大于 8 度的地区。

预应力混凝土双 T 板混凝土强度等级为 C40、C45 以及 C50,当环境类别为二 b 类时,双工坡板的混凝土强度等级均为 C50,预应力钢筋采用低松弛的螺旋肋钢丝或者 1×7 钢绞线。

双 T 板板面、肋梁以及横肋中钢筋网片采用 CRB550 级冷轧带肋钢筋及 HPB235 级钢筋。钢筋网片宜采用电阻点焊,其性能应满足相关标准的规定。预埋件锚板采用 Q-235B 级钢,锚筋采用 HPB235 级钢筋或 HRB335 级钢筋。预埋件制作和双 T 坡板安装焊接采用 E43 型焊条。吊钩采用未经冷加工的 HPB235 级钢筋或者 Q235 热轧圆钢。

预应力混凝土双 T 板标志宽度为 3 m,实际宽度 2.98 m。跨度 9~24 m,屋面坡度 2%。如图 3.24 所示为典型的双 T 板模板图。

放张时双 T 板混凝土强度通常应达到设计混凝土强度等级的 100%。

当肋梁与支座混凝土梁采用螺栓连接时,应于肋梁端部预埋声 20(内径)钢管。预埋钢管应避开预应力筋。对于标志宽度小于 3.0 m 的非标准双 T 板,应在构件制作时去掉部分翼板,但是不应伤及肋梁。

双 T 板吊装时应确保所有吊钩均匀受力,并宜采用专用吊具。双 T 板堆放场地应平整压实。堆放时,除最下层构件采用通长垫木之外,上层的垫木宜采用单独垫木。垫木应放于距板端 200~300 mm 处,并做到上下对齐,垫平垫实。构件堆放层数不宜超过 5 层,如图 3.25 所示。

双 T 板运输时应有可靠的锚固措施,运输时垫木的摆放要求与堆放时相同。运输时构件层数不宜超过 3 层。

安装过程中双 T 板承受的荷载(包括双 T 板自重)不应比该构件的标准组合荷载限值大。

安装过程中应避免双 T 板遭受冲击作用。安装完毕后,外漏铁件应做防腐、防锈处理。

(2)先张预制桩。

①预应力混凝土空心方桩。预应力混凝土空心方桩通常采用离心成型方法制作,预应力通过先张法施加。作为一种新型的预制混凝土桩,预应力混凝土空心方桩具有承载力高、生产周期短以及节约材料等优点。目前我国的预应力混凝土空心方桩主要适用于非抗震区及抗震设防烈度不超过 8 度的地区,所以可在我国大部分地区应用。常见预应力混凝土空心方桩的截面如图 3.26 所示。

预应力钢筋墩头应采用热墩工艺,墩头强度不得比该材料标准强度的 90% 低。采用先

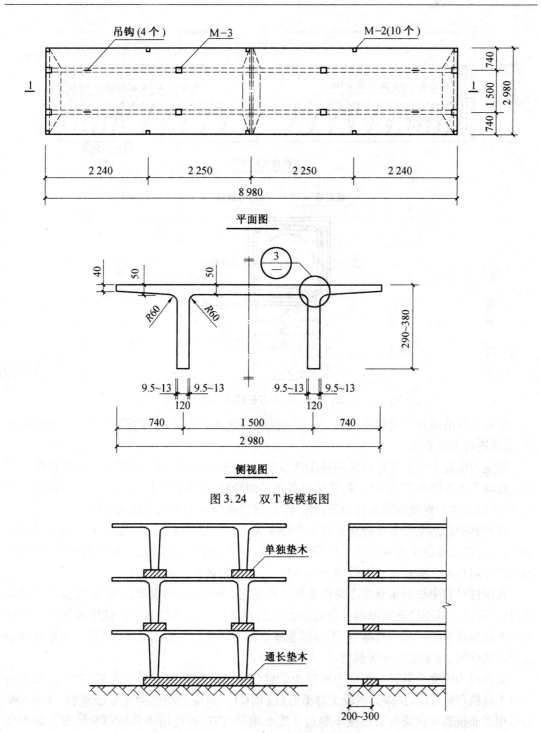

平面图

侧视图

图 3.24 双 T 板模板图

图 3.25 双 T 板堆放示意图

张法施加预应力工艺张拉力应计算之后确定,并采用应力和伸长值双重控制来确保张拉力的控制。

成品放置应标明合格印章及制造厂、产品商标、标记、生产日期以及编号等内容。堆放场地与堆放层数的要求应符合《预应力混凝土空心方桩》(JG 197—2006)的规定。

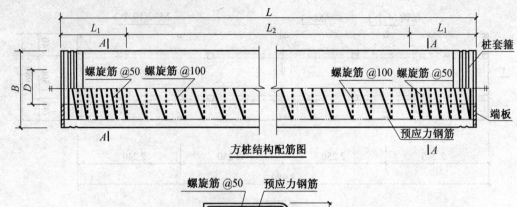

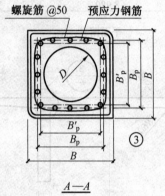

图 3.26　空心方桩截面示意

空心方桩吊装宜采用两支点法,支点位置距桩端 $0.21L$(L 为桩长)。如果采用其他吊法,则应进行吊装验算。

预应力混凝土空心方桩可采用锤击法及静压法进行施工。采用锤击法时,应根据不同的工程地质条件以及桩的规格等,并结合各地区的经验,合理选择锤重与落距。采用静压法时,可依据具体工程地质情况合理选择配重,压桩设备应有加载反力读数系统。

蒸汽养护后的空心方桩应在常温下静停 3 天之后方可沉桩施工。空心方桩接桩可采用钢端板焊接法,焊缝应连续饱满。桩帽和送桩器应同方桩外形相匹配,并应有足够的强度、刚度以及耐打性。桩帽及送桩器的下端面应开孔,使桩内腔同外界相通。

在沉桩过程中桩的垂直度不得任意调整和校正。沉桩时,出现贯入度、桩身位移等异常情况时,应停止沉桩待查明原因并进行必要的处理之后方可继续施工。桩穿越硬土层或进入持力层的过程中除机械故障外,不得随意停止施工。空心方桩通常不宜截桩,如遇特殊情况确需截桩时,应采用机械法截桩。

②预应力混凝土管桩。预应力混凝土管桩包括预应力高强混凝土管桩(PHC)、预应力混凝土管桩(PC)以及预应力混凝土薄壁管桩(PTC)。预应力均借助先张法施加。PHC、PC桩适用于非抗震及抗震设防烈度不超过 7 度的地区,PTC 桩适用于非抗震和抗震设防烈度不超过 6 度的地区。如图 3.27 所示为常见预应力混凝土管桩的截面。

制作管桩的混凝土质量应符合国家标准《混凝土质量控制标准》(GB 50164—2011)、《先张法预应力混凝土管桩》(GB 13476—2009)以及《先张法预应力混凝土薄壁管桩》(JC 888—2001)的规定,并应按上述标准的要求进行检验。

沉桩施工时,应根据设计文件、地勘报告以及场地周边环境等选择合适的沉桩机械。管

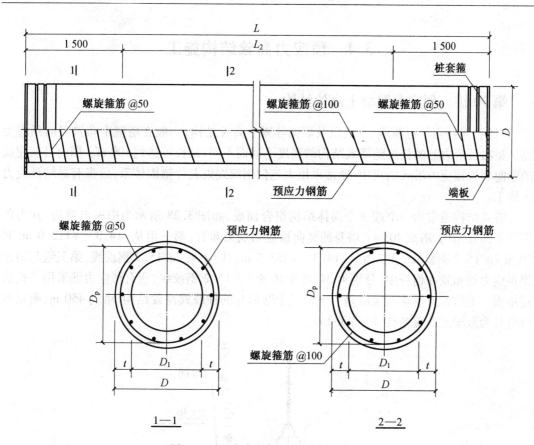

图 3.27 预应力混凝土管桩截面示意

桩的施工也分锤击法和静压法两种,锤击法沉桩机械采用柴油锤及液压锤,不宜采用自由落锤打桩机;静压法沉桩宜采用液压式机械,根据施工方法分为顶压式和抱压式两种。

管桩的混凝土必须满足设计强度及龄期(常压养护为 28d,压蒸养护为 1d)后方可沉桩。

锤击法沉桩:桩帽或送桩器与管桩周围的间隙应为 5~10 mm;桩锤和桩帽、桩帽和桩顶之间加设弹性衬垫,衬垫厚度应均匀,并且经锤击压实后的厚度不宜小于 120 mm,在打桩期间应经常检查,及时更换和补充。

静压法沉桩:采用顶压式桩机时,桩帽或者送桩器与桩之间应加设弹性衬垫;在抱压式桩机时,应使夹持机构中夹具避开桩身两侧合缝位置。PTC 桩不宜采用抱压式沉桩。

沉桩过程中应经常观测桩身的垂直度,如果桩身垂直度偏差超过 1% 进,应找出原因并设法纠正;当桩尖进入较硬土层后,禁止用移动桩架等强行回扳的方法纠偏。

每一根桩应一次性连续打(压)到底,接桩及送桩连续进行,尽量减少中间停歇时间。

沉桩过程中,出现贯入度反常、桩身位移、倾斜、桩身或桩顶破损等异常情况时,应停止沉桩,待查明原因并进行必要的处理之后,方可继续进行施工。

上、下节桩拼接成整桩时,宜采用端板焊接连接或机械快速接头连接,接头连接强度不应小于管桩桩身强度。

冬季施工的管桩工程应按《建筑工程冬期施工规程》(JGJ 104—2011)的有关规定,根据地基的主要冻土性能指标,采用相应的措施。宜选用混凝土有效预压应力值较大并且采用压蒸养护工艺生产的 PHC 桩。

3.4 预应力高耸结构施工

第70讲 预应力混凝土高耸结构

（1）技术特点。电视塔、水塔以及烟囱等属于高耸结构，一般在塔壁中布置竖向预应力筋。竖向预应力筋的长度随塔式结构的高度不同而不同，最长可达到300 m。国内目前建成的竖向超长预应力塔式结构中，通常采用大吨位钢绞线束夹片锚固体系，后张有黏结预应力法施工。

塔式结构通常由一个或多个筒体结构组合而成，如图3.28所示为中央电视塔，其为单圆筒形高耸结构，塔高405 m，塔身的竖向预应力筋束布置，第一组从-14.3～+112.0 m，共20束 $7\phi^s15.2$ 钢绞线；第二组从-14.3～+257.5 m，共64束 $7\phi^s15.2$ 钢绞线，第三组与第四组预应力筋布置在桅杆中，分别为24束与16束 $7\phi^s15.2$ 钢绞线，所有预应力筋采用7孔群锚锚固。上海东方明珠电视塔是一座带三个球形仓的柱肢式高耸结构，塔高450 m；南京电视塔是为肢腿式高耸结构，塔高302 m。

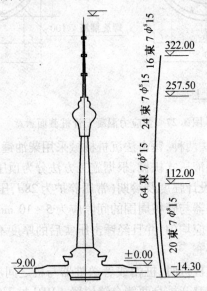

图3.28 中央电视塔竖向

由于塔式结构在受力特点上类似于悬臂结构，其内力呈下大上小的分布特点。所以，塔身的竖向预应力筋布置通常也按下大上小的原则布置，预应力筋的束数随高度减小，通常可根据高度分为几个阶梯。

（2）施工要点。

①竖向预应力孔道铺设。

预应力筋布置：

超高预应力竖向孔道铺设，主要考虑施工工期比较长，孔道铺设受塔身混凝土施工的其他工序影响，易发生堵塞和过大的垂直偏差，通常采用镀锌钢管以提高可靠性。

镀锌钢管应考虑塔身模板体系施工的工艺分段连接，上下节钢管可以采用螺纹套管加电焊的方法连接。每根孔道上口均加盖，防止异物掉入堵塞孔道，此外，随塔体的逐步升高，应采取定期检查并通孔的措施，严格检查钢管连接部位及灌浆孔与孔道的连接部位，确保无漏浆。孔道铺设应采用定位支架，每隔 2.5 m 设一道，必须牢靠固定，以保证其准确位置。竖管每段的垂直度应控制在 0.5% 以内。灌浆孔的间距应根据灌浆方式与灌浆泵压力确定，通常介于 20 ~ 60 m。

②竖向预应力筋束。竖向预应力筋穿入孔道包括"自下而上"与"自上而下"两种工艺。每种工艺中又有单根穿入与整束穿入两种方法，应根据工程的实际情况采用。

a. 自下而上的穿束方式。自下而上的穿束工艺的设备主要包括提升系统、放线系统、牵引钢丝绳与预应力筋束的连接器以及临时卡具等。提升系统以及连接器的设计必须考虑到预应力筋束的自重以及提升过程中的摩阻力。因为穿束的摩阻力较大，可达预应力筋自重的 2 ~ 3 倍，所以应采用穿束专用连接头，以确保穿束过程中不会滑脱。

b. 自上而下的穿束方式。自上而下的穿束需要在地面上把钢绞线编束后盘入专用的放线盘，吊上高空施工平台，同时使放线盘与动力及控制装置连接，然后把整束慢慢放出，送入孔道。预应力筋开盘后要求完全伸直，否则易卡在孔道内，所以，放线盘的体积相对较大，控制系统也相对复杂。

无论采用自下而上，还是采用自上而下的穿束方式，均应特别注意安全，避免预应力筋滑脱伤人。

上海东方明珠电视塔、南京电视塔以及加拿大多伦多电视塔采用了自上而下的穿束方法，而中央电视塔和天津电视塔采用了自下而上的穿束方式。

③竖向预应力筋张拉。竖向预应力筋一般采取一端张拉。其张拉端根据工程的实际情况可以设置在下端或者上端，必要时在另一端补张拉。

张拉时，为保证整体塔身受力的均匀性，通常应分组沿塔身截面对称张拉。为了便于大吨位穿心式千斤顶安装就位，宜采用机械装置升降千斤顶，机械装置设计时应考虑其主体支架能够调整垂直偏转角，并具有手摇提升机构等。

在超长竖向预应力筋张拉过程中，由于张拉伸长值很大，需要多次倒换张拉行程；所以，锚具的夹片应能符合多次重复张拉的要求。

④竖向孔道灌浆。

a. 灌浆材料。灌浆采用水泥浆，竖向孔道灌浆对浆体有一定的特殊要求，比如要求浆体具有良好的可泵性、合适的凝结时间，收缩和泌水量少等。通常应掺入适量减水剂和膨胀剂以保证浆体的流动性及密实性。

b. 灌浆设备与工艺。灌浆可采用挤压式及活塞式灰浆泵等。采用垂直运输机械将搅拌机和灌浆泵运到各个灌浆孔部位的平台处，现场搅拌灌浆，灌浆时所有水平伸出的灌浆孔外均应加截门，以避免灌浆后浆液外流。

竖向孔道内的浆体，因为泌水和垂直压力的作用，水分汇集于顶端而产生孔隙，特别是在顶端锚具之下的部位，该孔隙易导致预应力筋的锈蚀，所以，顶端锚具之下和底端锚具之上的孔隙，必须采取可靠的填充措施，如采用手压泵在顶部灌浆孔局部二次压浆或采用重力补浆的方法，确保浆体填充密实。

（3）质量验收。高耸结构竖向有黏结预应力工程的质量验收除了应满足现行有关规范与标准要求，尚应考虑其特殊性要求。

根据材料类别,划分为预应力筋、镀锌钢管以及灌浆水泥等检验批和锚具检验批。原材料的批量划分、质量标准以及检验方法应符合国家现行有关产品标准的规定。

按照施工工艺流程,划分为制作、安装、张拉、灌浆及封锚等检验批。各检验批的范围可以按塔式结构的施工段划分。

第71讲　预应力高耸结构施工

(1)技术特点。混凝土的储罐、筒仓以及水池等结构,由于体积庞大、池壁或仓壁较薄,在内部储料压力或水压力、土压力及温度作用下,池壁或仓壁易产生裂缝,加之抗渗性及耐久性要求高,通常设计为预应力混凝土结构,以提高其抗裂能力和使用性能。对于平面为圆形的储罐、筒仓和水池等,一般沿其圆周方向布置预应力筋。环向预应力筋一般通过设置的扶壁柱进行锚固和张拉。预应力筋可以采用有黏结预应力筋或者无黏结预应力筋。

①环向有黏结预应力。环向有黏结预应力筋依据不同结构布置,绕筒壁形成一定的包角,并锚固在扶壁柱上。上下束预应力筋的锚固位置应错开。四扶壁环形储仓的预应力筋布置图如图3.29所示,其内径为25 m,壁厚为400 mm。筒壁外侧有四根扶壁柱。筒壁内的环向预应力筋采用9ϕ^s15.2钢绞线束,间距为0.3~0.6 m,包角为180°,锚固在相对的两根扶壁柱上,其锚固区构造如图3.30所示。

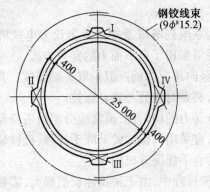

图3.29　四扶壁环形储仓环向预应力筋布置

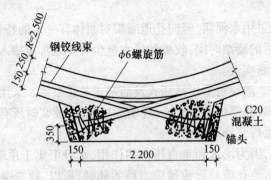

图3.30　扶壁柱锚固区构造

三扶壁环形结构环向预应力筋布置如图3.31所示。其内径为36 m,壁厚为1 m,外侧有三根扶壁柱,总高度为73 m。筒壁内的环向预应力筋采用11ϕ^s15.7钢绞线束,双排布置,竖向间距是350 mm,包角为250°,锚固于壁柱侧面,相邻束错开120°。

②环向无黏结预应力。环向无黏结预应力筋在筒壁内成束布置,而在张拉端改为分散布置,单根或者采用群锚整体张拉。根据筒(池)壁张拉端的构造不同,可分为有扶壁柱形式和无扶壁柱形式。

如图3.32所示,环向结构设有四个扶壁柱,环向预应力筋按180°包角设置。池壁中无黏结预应力筋采用多根钢绞线并束布置的方式,端部采用多孔群锚锚固,如图3.33所示。

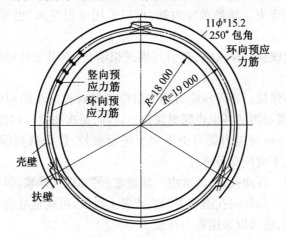

图3.31 三扶壁环形结构预应力筋环向布置

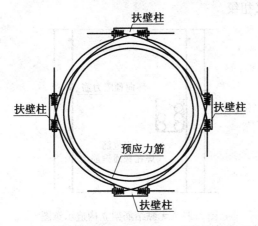

图3.32 四扶壁柱结构环向无黏结筋布置

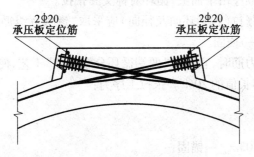

图3.33 预应力筋张拉端构造

（2）施工要点。

①环向有黏结预应力。

a.环向孔道留设。环向预应力筋孔道,宜采用预埋金属波纹管成型,也可以采用镀锌钢管。环向孔道向上隆起的高位处和下凹孔道的低点处设排气口、排水口及灌浆口。为确保孔道位置正确,沿圆周方向应每隔2~4 m设管道定位支架。

b.环向预应力筋穿束。环形预应力筋,可以采用单根穿入,也可以采用成束穿入的方法。

如采用7根钢绞线整束穿入法,牵引与推送相结合,牵引工具使用网套技术,网套与牵引钢缆连接。

c.环向预应力筋张拉。环向预应力筋张拉应遵循对称同步的原则,也就是每根钢绞线的两端同时张拉,组成每圈的各束也同时张拉。这样,每次张拉可以建立一圈封闭的整体预应力。沿高度方向,环向预应力筋可由下向上进行张拉,但是遇到洞口的预应力筋加密区时,自洞口中心向上、下两侧交替进行。

d.环向孔道灌浆。环向孔道,通常由一端进浆,另端排气排浆,但当孔道较长时,应适当增加排气孔和灌浆孔。如环向孔道有下凹段或者上隆段,可在低处进浆,高处排气排浆。对比较大的上隆段顶部,还可以采用重力补浆。

②环向无黏结预应力。如图3.34所示,环向无黏结预应力筋成束绑扎在钢筋骨架上,应顺环向铺设,不得交叉扭绞。

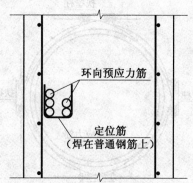

图3.34 无黏结筋架立构造示意图

环向预应力筋张拉顺序由下而上,循环对称交圈张拉。

对于多孔群锚单根张拉(包括环向及径向)应采取"逐根逐级循环张拉"工艺,即张拉应力 $0\rightarrow0.5\sigma_{con}\rightarrow1.03\sigma_{con}\rightarrow$锚固。

两端张拉环向预应力筋时,宜采取"两端循环分级张拉"工艺,使伸长值于两端较均匀分布,两端相差不长于总伸长值的20%。张拉工序为:

a. A端: $0\rightarrow0.5\sigma_{con}$;

b. B端: $0\rightarrow0.5\sigma_{con}$;

c. A端: $0.5\sigma_{con}\rightarrow1.03\sigma_{con}\rightarrow$锚固 ;

d. B端: $0.5\sigma_{con}\rightarrow1.03\sigma_{con}\rightarrow$锚固 。

为了确保环形结构对称受力,每个储仓配备四台千斤顶,在相对应的扶壁柱两端交错张拉作业,同一扶壁两侧应同步张拉,以形成环向整体预应力效应。

③环锚张拉法。环锚张拉法是借助环锚将环向预应力筋连接起来用千斤顶变角张拉的方法。

如图3.35所示,蛋形消化池结构为三维变曲面蛋形壳体。壳壁中,沿竖向和环向均布置了后张有黏结预应力钢绞线,壳体外部曲线包角是120°。每圈张拉凹槽有三个,相邻圈张拉凹槽错开30°。借助弧形垫块变角将钢绞线束引出张拉,如图3.36所示。张拉后用混凝土封闭张拉凹槽,保持池外表光滑曲面。

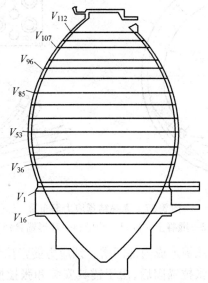

图3.35　蛋形消化池环向预应力筋

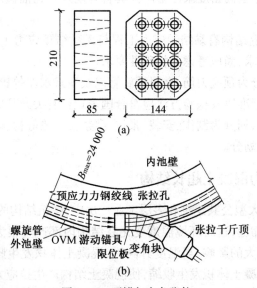

图3.36　环锚与变角张拉

环向束张拉采用三台千斤顶同步进行。张拉时分层进行,张拉一层之后,旋转30°,再张拉上一层。为了使环向预应力筋张拉时初应力一致,采用单根张拉到20% σ_{con} 然后整束张拉。

环形结构内径为6.5 m,混凝土衬砌厚度为0.65 m,采用双圈环锚无黏结预应力技术,如图3.37所示。每束预应力筋由$8\phi^s15.7$无黏结钢绞线分内外两层绕两圈布置,两层钢绞线间距为130 mm,钢绞线包角为$2\times360°$。沿洞轴线每m布置2束预应力筋。环锚凹槽交错布置于洞内下半圆中心线两侧各45°的位置。预留内部凹槽长度是1.54 m,中心深度为0.25 m,上口宽度是0.28 m,下口宽度为0.30 m。

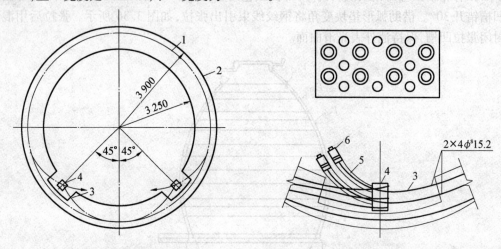

图3.37　无黏结预应力筋布置

1—无黏结预应力筋;2—混凝土衬砌;3—凹槽;4—环形锚具;5—偏转器;6—千斤顶

采用钢板盒外贴塑料泡沫板形成内部凹槽。预应力筋张拉借助2套变角器直接支撑于锚具上进行变角张拉锚固。张拉锚固后,由于锚具安装和张拉操作需要而割除防护套管的外露部分钢绞线,重新穿套高密度聚乙烯防护套管并注入防腐油做防腐处理,然后用无收缩混凝土回填。

（3）质量验收。储仓结构有黏结预应力工程与无黏结预应力工程的质量验收除应符合现行有关规范及标准要求,尚应考虑其特殊性要求。

根据材料类别,划分为预应力筋、金属螺旋管以及灌浆水泥等检验批和锚具检验批。原材料的批量划分、质量标准以及检验方法应符合国家现行有关产品标准的规定。

根据施工工艺流程,划分为制作、安装、张拉、灌浆及封锚等检验批。各检验批的范围可按照塔式结构的施工段划分。

第72讲　预应力混凝土超长结构

（1）技术特点。在大型公共建筑和多层工业厂房中,建筑结构的平面尺寸大于规范允许限值,且不设或少设伸缩缝,这时环境温度变化在结构内部产生很大的温度应力,对结构的施工及使用都会产生很大的影响,当温度升高时,混凝土体积发生膨胀,混凝土结构产生压应力,当温度下降时,混凝土体积发生收缩,使混凝土结构产生拉应力。

因为混凝土的抗压强度远大于其抗拉强度,所以,在超长结构中要考虑温度降低时对混凝土结构引起的拉应力的影响,在混凝土结构中配置预应力筋,对于混凝土施加预压应力以抵抗温度拉应力的影响,是超长结构克服混凝土温度应力的有效措施之一。

（2）预应力混凝土超长结构的要求与构造。因为大面积混凝土板内温度应力的分布很复杂,很多超长超大结构的温度配筋均是根据设计者的经验沿结构长向施加一定数值的预应力(平均压应力通常在 $1 \sim 3$ MPa)。

预应力筋多数情况下为无黏结筋,也可以采用有黏结筋。

①温度应力经验计算公式。混凝土在弹性状态下温度应力 σ_t 的大小同混凝土的温度变化 ΔT 成正比,和混凝土的弹性模量有关,与竖向构件对超长结构的约束程度有关,即式(3.8)。

$$\sigma_t = \beta \alpha T E_c \qquad (3.8)$$

式中,线膨胀系数可以采用 $\alpha_c = 1 \times 10^{-5}$。

混凝土抗压模量 E_c 取值可折减 50%。

②温度场与闭合温度。考虑建筑物所在地的气候年温度变化的最低温度,以闭合温度为基准,再综合考虑计算楼板所在的位置及其使用功能等因素后,确定混凝土结构的温度变化 ΔT。

若施工条件允许,则混凝土后浇带闭合温度定为 10 ℃。

楼板受温度变化影响产生拉应力的大小决定于温度变化的绝对值。有边界约束时,以闭合时温度为基准,温度降低,混凝土构件收缩,混凝土受拉;温度升高,混凝土构件膨胀,混凝土受压。

③竖向构件约束影响。混凝土收缩或者温度下降导致的拉应力使每段板向着自己的重心处收缩,如果不考虑竖向构件(筒、墙、柱等)的刚度,这种变形将是自由的(不产生内力);若竖向构件的刚度为无穷大,则板内的温度变形几乎完全得不到释放,所以在板内产生的拉应力最大(大小约为 $\alpha_c = \Delta T E_c$)。一般竖向构件的刚度对温度变形起到约束,约束程度影响系数设为卢,$0 \le 18 \le 1$。

④当结构形式为梁板结构时,梁板共同受温度变化的影响,所以应考虑梁板共同受温度拉力,故须将梁端面折算为板厚。

⑤预应力筋为温度构造筋,束形主要为在板中直线预应力筋,也可以为曲线配筋。设计时,沿结构长方向连续布置预应力筋。布筋原则以单束预应力筋张拉损失不大于 25% 为原则,也就是单端张拉时长度不超过 30 m,双端张拉时长度不大于 60 m。

⑥预应力筋分段铺设时,应考虑搭接长度,如图 3.38 所示为一种构造方式。

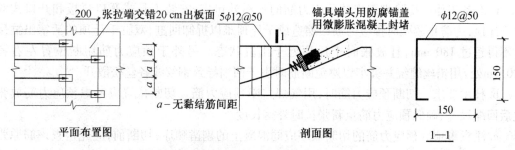

图 3.38 无黏结预应力筋搭接构造布置

(3)施工要点。

①预应力筋铺放。预应力筋需根据铺放顺序。按照流水施工段,要求确保预应力筋的设计位置。

②节点安装。符合设计构造措施图示的要求,并满足有黏结或者无黏结预应力施工对节点的各项要求。

③预应力张拉。混凝土达到设计要求的强度之后方可进行预应力筋张拉;混凝土后浇带闭合温度定为10 ℃,满足设计强度后进行后浇带的预应力筋张拉;预应力筋张拉完后,应立即测量校核伸长值。

④预应力张拉端处理。预应力筋张拉完毕及孔道灌浆完成之后,采用机械方法,将外露预应力筋切断,并且保留在锚具外侧的外露预应力筋长度不应小于30 mm,将张拉端及其周围清理干净,用细石混凝土或者无收缩砂浆浇筑填实并振捣密实。

（4）质量验收。预应力混凝土超长结构的质量验收除应满足现行有关规范与标准要求,尚应考虑其特殊性要求。

第73讲　预应力结构的开洞及加固

（1）预应力结构开洞施工要点。

①板底支撑系统的搭设。在开洞剔凿混凝土板之前,需在开洞处及相关板（同一束预应力筋所延伸的板）板底搭设支撑系统。开洞洞口所在处的板底及周边相关板底可以采用满堂红支搭方案,也可以采用十字双排架木支搭方法。

②预应力混凝土板开洞混凝土的剔除。

a.剔除顺序。剔除要严格按既定的顺序进行,待先开洞部位一侧预应力筋切断、放张以及重新张拉后,再剔除其余部位混凝土,然后再将另一侧的预应力筋切断、放张和重新张拉。

b.技术要求。混凝土的剔除采用人工剔凿与机械钻孔两种方法。先开洞时,由于预应力筋的位置不确定,所以必须采用人工剔凿,剔凿方向由离轴线较近一侧向较远一侧进行,待先开洞部位一侧预应力筋切断、放张以及重新张拉后,其他部位混凝土可用机械法整块破碎剔除。

c.注意事项。混凝土剔除过程中,注意千万不要使预应力筋受到损伤;普通钢筋上铁也要尽量保留,下铁需全部保留,当预应力张拉端加固角板和端部封堵后浇外包混凝土小圈梁后再切除。另外,混凝土剔除后应保证预应力张拉端处余留混凝土板断面表面平整,必要时可用高标号水泥砂浆抹平以保证预应力筋切割、放张以及重新张拉的顺利进行。

③预应力筋的切断。

a.准备工作。切除剔露出的预应力筋的塑料外包皮,安装工具式开口垫板和开口式双缸千斤顶,为防止放张时预应力筋回缩造成千斤顶难以拆卸回缸,双缸千斤顶的活塞出缸尺寸不得超过180 mm,且放张时千斤顶处于出缸状态。另外于预应力筋切断位置左右各100 mm处,用铅丝缠绕并绑牢以避免断筋时由于回缩导致钢绞线各丝松散开。

b.技术要求。切断预应力筋时,用气焊熔断预应力筋。切断位置应考虑预应力筋放张之后回缩尺寸、确保预应力筋重新张拉时外露长度。

c.注意事项。预应力筋的切断顺序应同混凝土的剔凿顺序;切断前,应先检查该筋原张拉端、锚固端混凝土是否开裂和其他质量问题,并注意端部封挡熔断预应力筋时,禁止在该筋对面及原张拉端、锚固端处站人。

④放张。预应力筋切断后,油泵回油并将双缸千斤顶及工具式开口垫板拆除。

⑤重新张拉。

a.预应力筋张拉端端面处理。要保持张拉端端面平整,由于预应力筋张拉端出板端面时位置不能保证,为了避免张拉时由于保护层不够而使板较薄一侧混凝土被压碎而有必要进行张拉端面加固,加固可以用结构胶粘角形钢板或者角形钢板与余留普通钢筋焊牢。

　　b.张拉预应力筋。补张预应力筋同原设计要求一致。张拉完毕并根据设计加固后方可拆梁板底的支撑。

　　c.浇筑外包混凝土圈梁。预应力筋张拉完成之后,锚具外余留300 mm,并拆散筋头以埋在外包圈梁里,浇筑外包圈梁即可。

　　(2)体外预应力加固施工要点。

　　①锚固节点和转向节点的设计及加工制作。建筑或桥梁采用体外预应力加固,首先应进行结构加固设计与施工可行性分析,将体外预应力束布置和节点施工的可操作性确定,确认在原结构上开洞、植筋及新增混凝土与钢结构等施工对于原结构的损伤在受力允许的程度之内。体外预应力束与被加固结构之间通过锚固节点和转向节点相连接,所以锚固节点和转向节点设计是能否实现加固效果的关键。锚固节点与转向节点块可采用混凝土结构或钢结构,新增结构与原结构常采用植筋及横向短预应力筋加强来连接。新增混凝土锚固节点与转向节点块结构在原结构相应部位施工;新增钢结构锚固节点和转向节点块采用钢板和钢管焊接而成,应确保焊缝质量和与原结构连接的可靠性。

　　②锚固节点和转向节点的安装。按照体外预应力束布置要求在原结构适当位置上开洞,以穿过体外预应力束;按照设计位置植筋或植锚栓等,以安装锚固钢件、支座及跨中转向节点钢件,钢件与原结构混凝土连接的界面应打磨清扫干净,然后将其用结构胶粘接和锚栓固定,用无收缩砂浆将钢件与混凝土之间的空隙封堵密实。新增混凝土锚固节点和转向节点施工,首先植筋和绑扎普通钢筋,安装锚固节点锚下组件及转向节点体外束导管等,支模板并浇筑混凝土,混凝土必须充分振捣密实。

　　③体外预应力束的下料与安装。体外成品索或者无黏结筋在工厂内加工制作,成盘运输到工地现场,根据实际需要切割下料。依据体外预应力束在预埋管或密封筒内的长度要求、钢绞线张拉伸长量和工作长度计算总下料长度及需要剥除体外预应力束两端HDPE护层的长度。对于局部灌水泥基浆体的体外预应力束,要求把剥除HDPE段的钢绞线表面油脂清除,以确保钢绞线与灌浆浆体的黏结力。体外束下料完成后,成品束可以一次完成穿束;使用分丝器的单根独立体系,需逐根穿入单根钢绞线或无黏结钢绞线,安装可按照索自重与现场条件使用机械牵引或人工牵引穿束。

　　④体外预应力束的张拉。体外预应力束张拉应遵循分级对称的原则,张拉时梁两侧或者箱形梁内的对称体外预应力束应同步张拉,以防止出现平面外弯曲。体外预应力成品索宜采用大吨位千斤顶进行整体张拉,张拉控制程序为:0→10% σ_{con}→100% σ_{con}(持荷2 min)→锚固,或者采用规范与设计许可的张拉控制程序。钢结构梁体外索张拉应计算结构局部承压能力,避免局部失稳,同时采取对称同步控制措施,每完成一个张拉行程,测量伸长值并且进行校核。张拉过程中需要对被加固结构进行同步监测,以确保加固效果实现。

　　⑤体外预应力束与节点的防护。体外预应力束张拉完成之后,根据体外预应力锚固体系更换或调索力对锚具外保留钢绞线长度的要求,用机械切割方法将锚具外伸多余的钢绞线切除,采用防护罩或设计体系提供的防护组件进行体外预应力束耐久性防护。在建筑结构工程中,对转向节点钢件和锚固钢件、锚具等涂防锈漆,锚具也可以采用防护罩防护,采用混凝土将楼板上的孔洞进行封堵,对柱端的张拉节点采用混凝土将整个钢件及张拉锚具封闭,对于外露的体外预应力束及节点进行防火处理。

4 混凝土分项工程施工细部做法

4.1 现浇梁、板混凝土结构

第74讲 施工准备

(1)技术准备。

①图纸会审已完成。

②根据设计混凝土强度等级、混凝土性能要求、施工条件、施工气温、施工部位、浇筑方法、使用水泥、骨料、掺合料及外加剂,确定各种类型混凝土强度等级的所需坍落度及初、终凝时间,委托有资质的专业试验室完成混凝土配合比设计。

③编制混凝土施工方案,明确流水作业划分、浇筑顺序、混凝土运输与布料、作业进度计划以及工程量等,并分级进行交底。

④确定浇筑混凝土所需的各种材料、机具以及劳动力需用量。

⑤确定混凝土施工所需的水、电,以符合施工需要。

⑥确定混凝土的搅拌能力是否符合连续浇筑的需求。

⑦确定混凝土试块制作组数,符合标准养护和同条件养护的需求。

(2)材料要求。

①水泥:应根据工程特点、所处环境以及设计、施工的要求,选用适当品种及强度等级的水泥。普通混凝土宜选用硅酸盐水泥、矿渣硅酸盐水泥、普通硅酸盐水泥、火山灰质硅酸盐水泥及粉煤灰硅酸盐水泥。

a.水泥的化学指标应符合表4.1的规定。

表4.1 水泥的化学指标　　　　　　　　　　　　单位:%

品种	代号	不溶物 (质量分数)	烧失量 (质量分数)	三氧化硫 (质量分数)	氧化镁 (质量分数)	氯离子 (质量分数)
硅酸盐水泥	P·Ⅰ	≤0.75	≤3.0	≤3.5	≤5.0①	≤0.06③
	P·Ⅱ	≤1.50	≤3.5			
普通硅酸盐水泥	P·O	—	≤5.0			
矿渣硅酸盐水泥	P·S·A	—	—	≤4.0	≤6.0②	
	P·S·B	—	—			
火山灰质硅酸盐水泥	P·P			≤3.5	≤6.0②	
粉煤灰硅酸盐水泥	P·F					
复合硅酸盐水泥	P·C					

注:①如果水泥压蒸试验合格,则水泥中氧化镁的含量(质量分数)允许放宽至6.0%。

②如果水泥中氧化镁的含量(质量分数)大于6.0%时,需进行水泥压蒸安定性试验并合格。

③当有更低要求时,该指标由买卖双方协商确定。

b.碱含量(选择性指标)。水泥中碱含量按 $Na_2O+0.658K_2O$ 计算值表示。若使用活性骨料,用户要求提供低碱水泥时,水泥中的碱含量应不大于 0.60% 或由买卖双方协商确定。

c.物理指标。

ⅰ.凝结时间。硅酸盐水泥初凝不小于 45 min,终凝不大于 390 min;普通硅酸盐水泥、矿渣硅酸盐水泥、火山灰质硅酸盐水泥、粉煤灰硅酸盐水泥和复合硅酸盐水泥初凝不小于 45 min,终凝不大于 600 min。

ⅱ.安定性。沸煮法合格。

ⅲ.强度。不同品种不同强度等级的通用硅酸盐水泥,其不同各龄期的强度应符合表 4.2的规定。

表 4.2　通用硅酸水泥的强度要求　　　　　单位:兆帕

品种	强度等级/MPa	抗压强度/MPa		抗折强度/MPa	
		3 天	28 天	3 天	28 天
硅酸盐水泥	42.5	≥17.0	≥42.5	≥3.5	≥6.5
	42.5R	≥22.0	≥52.5	≥4.0	
	52.5	≥23.0	≥62.5	≥4.0	≥7.0
	52.5R	≥27.0		≥5.0	
	62.5	≥28.0		≥5.0	≥8.0
	62.5R	≥32.0		≥5.5	
普通硅酸盐水泥	42.5	≥17.0	≥42.5	≥3.5	≥6.5
	42.5R	≥22.0		≥4.0	
	52.5	≥23.0	≥52.5	≥4.0	≥7.0
	52.5R	≥27.0		≥5.0	
矿渣硅酸盐水泥 火山灰质硅酸盐水泥 粉煤灰硅酸盐水泥	32.5	≥10.0	≥32.5	≥2.5	≥5.5
	32.5R	≥15.0		≥3.5	≥6.5
	42.5	≥15.0	≥42.5	≥3.5	
	42.5R	≥19.0		≥4.0	≥7.0
	52.5	≥21.0	≥52.5	≥4.0	
	52.5R	≥23.0		≥4.5	
复合硅酸盐水泥	32.5R	≥15.0	≥32.5	≥3.5	≥5.5
	42.5	≥15.0	≥42.5	≥3.5	≥6.5
	42.5R	≥19.0		≥4.0	
	52.5	≥21.0	≥52.5	≥4.0	≥7.0
	52.5R	≥23.0		≥4.5	

ⅳ.细度(选择性指标)。硅酸盐水泥和普通硅酸盐水泥以比表面积表示,不小于 300 m^2/kg;矿渣硅酸盐水泥、火山灰质硅酸盐水泥、粉煤灰硅酸盐水泥和复合硅酸盐水泥以筛余表示,80 μm 方孔筛筛余不大于 10% 或 45 μm 方孔筛筛余不大于 30%。

②细骨料:当选用砂配制混凝土宜优先选用Ⅱ区砂。对于泵送混凝土用砂,宜选用中砂。

a.砂的主要技术指标应符合以下要求:

ⅰ.砂的粗细程度按细度模数睢分为粗、中、细三级,其范围应符合下列规定:

粗砂 $\mu_f=3.7\sim3.1$;

中砂 $\mu_f = 3.0 \sim 2.3$；

细砂 $\mu_f = 2.2 \sim 1.6$。

ⅱ. 砂按 0.630 mm 筛孔的累计筛余量（重量百分率），分成三个级配区，见表 4.3。砂的颗粒级配应处于表 4.3 中的任何一个区以内。

表 4.3　砂颗粒级配区

级配区 筛孔尺寸/mm 累计筛余/%	Ⅰ区	Ⅱ区	Ⅲ区
5.00	10 ~ 0	10 ~ 0	10 ~ 0
2.50	35 ~ 5	25 ~ 0	15 ~ 0
1.25	65 ~ 35	50 ~ 10	25 ~ 0
0.630	85 ~ 71	70 ~ 41	40 ~ 16
0.315	95 ~ 80	92 ~ 70	85 ~ 55
0.160	100 ~ 90	100 ~ 90	100 ~ 90

ⅲ. 天然砂中含泥量应符合表 4.4 的规定。对于有抗冻、抗渗或其他特殊要求的小于或等于 C25 混凝土用砂，其含泥量应不大于 3.0%。

表 4.4　砂中含泥量限值

混凝土强度等级	≥C50	C55 ~ C30	≤C25
合泥量（按重量计%）	≤2.0	≤3.0	≤5.0

ⅳ. 砂中的泥块含量应符合表 4.5 的规定。对于有抗冻、抗渗或其他特殊要求的小于或等于 C25 混凝土用砂，泥块含量应不大于 1.0%。

表 4.5　砂中的泥块含量

混凝土强度等级	≥C60	C55 ~ C30	≤C25
泥块含量（按重量计%）	≤0.5	≤1.0	≤2.0

ⅴ. 人工砂或混合砂中石粉含量应符合表 4.6 的规定。

表 4.6　人工砂或混合砂中石粉含量

混凝土强度等级		≥C60	C55 ~ C30	≤C25
石粉含量	MB<1.4（合格）	≤5.0	≤7.0	≤10.0
	MB≥1.4（不合格）	≤2.0	≤3.0	≤5.0

ⅵ. 砂的坚固性用硫酸钠溶液检验，试样经 5 次循环后其重量损失应符合表 4.7 规定。对于有抗疲劳、耐磨、抗冲击要求的混凝土用砂或腐蚀介质作用或经常处于水位变化区的地下结构混凝土用砂，其坚固性重量损失率应小于 8%。

表4.7 砂的坚固性指标

混凝土所处的环境条件	5次循环后的质量损失/%
在严寒及寒冷地区室外使用并经常处于潮湿或干湿交替状态下的混凝土 对于有抗疲劳、耐磨、抗冲击要求的混凝土 有腐蚀介质作用或经常处于水位变化区的地下结构混凝土	≤8
其他条件下使用的混凝土	≤10

ⅶ. 砂中如含有云母、轻质物、有机物、硫化物及硫酸盐等有害物质,其含量应符合表4.8规定。有抗冻、抗渗要求的混凝土,其云母含量不应大于1.0%;砂中含有颗粒状的硫酸盐或硫化物杂质时,应进行专门检验,确认能满足混凝土耐久性要求后,方能采用。

表4.8 砂中的害物质限值

项目	质量指标
云母含量(按重量计%)	≤2.0
轻物质含量(按重量计%)	≤1.0
硫化物及硫酸盐含量(折算成SO_3按重量计%)	≤1.0
有机物含量(用比色法试验)	颜色不应深于标准色,如深于标准色,则应按水泥胶砂强度试验方法,进行强度对比试验,抗压强度比不应低于0.95

ⅷ. 对于长期处于潮湿环境的重要混凝土结构用砂,应采用砂浆棒(快速法)或砂浆长度法进行骨料的碱活性检验。经上述检验判断为有潜在危害时,应控制混凝土中的碱含量不超过3 kg/m^3,或采用能抑制碱-骨料反映的有效措施。

ⅸ. 砂中氯离子含量应符合下列规定:

对于钢筋混凝土用砂,其氯离子含量不得大于0.06%(以干砂重量的百分率计);

对预应力混凝土用砂。其氯离子含量不得大于0.02%(以干砂重量的百分率计)。

ⅹ. 海砂中贝壳含量应符合表4.9的规定。

表4.9 海砂中贝壳含量

混凝土强度等级	≥C40	C35 ~ C30	≤C25 ~ C15
贝壳含量(按重量计%)	≤3	≤5	≤8

对于有抗冻、抗渗或其他特殊要求的小于或等于C25混凝土用砂,其贝壳含量不应大于25%。

b. 砂的验收应符合以下要求:

ⅰ. 应按砂或石的同产地同规格分批验收。采用大型工具(如火车、货船或汽车)运输的,应以400 m^3或600 t为一验收批。采用小型工具(如拖拉机等)运输的,应以200 m^3或300 t为一验收批。不足上述数量者按一批验收。

ⅱ. 每验收批砂石至少应进行颗粒级配、含泥量和泥块含量检验。对于碎石或卵石,还应检验针片状颗粒含量;对于海砂或含有氯离子污染的砂,还应检验其氯离子含量;对于海砂,还应检验贝壳含量;对于人工砂及混合砂,还应检验石粉含量。对于重要工程或特殊工程,应根据工程要求增加检测项目。对其他指标的合格性有怀疑时,应予检验。

当砂或石的质量比较稳定、进料量又较大时,可以 1 000 t 为一验收批。当使用新产源的砂或石时,供货单位应本节砂的质量要求进行全面检验。

ⅲ. 使用单位的质量检验报告内容应包括:委托单位、样品编号、工程名称、样品产地、类别、代表数量、检测依据、检测条件、检测项目、检测结果、结论等。检测报告可用《普通混泥土用砂、石质量及检验方法标准》(JGJ 52—2006)附录 A、B 的格式。

c. 砂的取样应符合下列要求:

ⅰ. 每验收批取样方法应按以下规定执行:

从料堆上取样时,取样部位应均匀分布。取样前先将取样部位表层铲除。然后由部位抽取大致相等的砂共 8 份,组成一组样品;

从皮带运输机上取样时,应在皮带运输机机尾的出料处用接料器定时抽取砂 4 份组成一组样品。

从火车、汽车、货船上取样时,从不同部位和深度抽取大致相等的砂 8 份,组成一组样品。

ⅱ. 除筛分析外,当其余检验项目存在不合格时,应加倍取样进行复验,若仍有一个项不能满足标准要求,应按不合格处理。

d. 砂的含水率试验。

ⅰ. 砂的含水率试验应采用以下仪器设备:

烘箱—能使温度控制在 105 ℃±5 ℃;

天平—称量 100 g,重量 2 g;

容器—如浅盘等。

ⅱ. 含水率试验应按下列步骤进行:

由密封的样品中取各重约 500 g 的试样两份,分别放入已知重量的干燥容器(m_1)中称重,记下每盘试样与容器的总重量(m_2),将容器连同试样放入温度 105 ℃±5 ℃的烘干至恒重,称量烘干后的试样与容器的总重(m_3)。

ⅲ. 砂的含水率为:

$$W_{wc} = \frac{m_2 - m_3}{m_3 - m_1} \times 100\% \,(精确至 0.1\%) \tag{4.1}$$

式中　W_{wc}——砂的含水率(%);

m_1——容器重量(g);

m_2——未烘的试样与容器的总重(g);

m_3——烘干的试样与容器的总重(g)。

以两次试验结果的算术平均值作为测定值。

③粗骨料:配制混凝土时,采用碎碱卵石。

a. 碎石或卵石主要技术指标应符合以下要求:

ⅰ. 碎石或卵石的颗粒级配应符合表 4.10 的要求。颗粒级配不符合表 4.10 要求时,应采取措施并经试验证实能确保工程质量,方允许使用。

表4.10 碎石或卵石的颗粒级配范围

级配情况	公称粒级/mm	累计筛余,按质量/%											
		方孔筛筛孔边长尺寸(圆孔筛)/mm											
		2.36	4.75	9.5	16.0	19.0	26.5	31.5	37.5	53	63	75	90
连续粒级	5~10	95~100	80~100	0~15	0	—	—	—	—	—	—	—	—
	5~16	95~100	85~100	30~60	0~10	0	—	—	—	—	—	—	—
	5~20	95~100	90~100	40~80	—	0~10	0	—	—	—	—	—	—
	5~25	95~100	90~100	—	30~70	—	0~5	0	—	—	—	—	—
	5~31.5	95~100	90~100	70~90	—	15~45	—	0~5	0	—	—	—	—
	5~40	—	95~100	70~90	—	30~65	—	—	0~5	0	—	—	—
单粒级	10~20	—	95~100	85~100	—	0~15	—	—	—	—	—	—	—
	16~31.5	—	—	95~100	85~100	—	0~10	0	—	—	—	—	—
	20~40	—	—	—	95~100	80~100	—	0~10	0	—	—	—	—
	31.5~63	—	—	—	95~100	—	—	75~100	45~75	—	0~10	0	—
	40~80	—	—	—	—	95~100	—	—	70~100	—	30~65	0~10	0

ⅱ.碎石或卵石中针、片状颗粒含量应符合表4.11的规定。

C10级的混凝土,针、片状颗粒含量可放宽到40%。

表4.11 针、片状颗粒含量

混凝土强度等级	≥C60	C55~C30	≤C25
针、片状颗粒含量(按重量计%)	≤8	≤15	≤25

ⅲ.碎石或卵石的含泥量应符合表4.12的规定。

表4.12 碎石或卵石中的含泥量

混凝土强度等级	≥C60	C55~C30	≤C25
含泥量(按重量计%)	≤0.5	≤1.0	≤2.0

对有抗冻、抗渗或其他特殊要求的混凝土,其所用碎石或卵石的含泥量不应大于1.0%。当碎石或卵石的含泥量是是非黏土质的石粉时,含泥量可由表4.12的0.5%、1.0%、2.0%,分别提高到1.0%、1.5%、3.0%。

ⅳ.碎石或卵石中的泥块含量应符合表4.13的规定。

表4.13 碎石或卵石中的泥块含量

混凝土强度等级	≥C60	C55~C30	≤C25
泥块含量(按重量计%)	≤0.2	≤0.5	≤0.7

有抗冻、抗渗和其他特殊要求,强度等级小于C30的混凝土,其所用碎石或卵石的泥块含量不应大于0.5%。

ⅴ. 碎石的强度可用岩石的抗压强度和压碎指标值表示。岩石的抗压强度比所配制的混凝土强度至少高 20%。当混凝土强度等级大于或等于 C60 时,应进行岩石抗压强度检验。碎石的压碎指标宜符合表 4.14 的规定。其他情况下如有怀疑或认为有必要时也可进行岩石的抗压强度检验。岩石的抗压强度与混凝土强度等级之比不应小于 1.5,且火成岩强度不宜低于 80MPa,变质岩不宜低于 60 MPa,水成岩不宜低于 30 MPa。

表 4.14　碎石的压碎指标值

岩石品种	混凝土强度等级	碎石压碎指标值/%
沉积岩	C60 ~ C40	≤10
	≤C35	≤16
变质岩或深成的火成岩	C60 ~ C40	≤12
	≤C35	≤20
喷出的火成岩	C60 ~ C40	≤13
	≤C35	≤30

注:沉积岩包括石灰岩、砂岩等。变质岩包括片麻岩、石英岩等。深成的火成岩包括花岗岩、正长岩、闪长岩或橄榄岩等。喷出的火成岩包括玄武岩和辉绿岩等。

卵石的强度用压碎指标表示。其压碎指标值宜按表 4.15 的规定采用。

表 4.15　卵石的压碎指标值

混凝土强度等级	C60 ~ C40	≤C35
压碎指标值/%	≤12	≤16

ⅵ. 碎石和卵石的坚固性用硫酸钠溶液法检验,试样经 5 次循环后,其重量损失应符合表 4.16 的规定。

表 4.16　碎石或卵石的坚固性指标

混凝土所处的环境条件	循环后的重量损失/%
在严寒及寒冷地区室外使用,并经常处于潮湿或干湿交替状态下的混凝土;有腐蚀性介质作用或经常处于水位变化区的地下结构或有抗疲劳、耐磨、抗冲击要求的混凝土	≤8
在其他条件下使用的混凝土	≤12

ⅶ. 碎石或卵石中的硫化物和硫酸盐含量,以及卵石中有机杂质等有害物含量应符合表 4.17 的规定。

表 4.17 碎石或卵石中的有害物质含量

项目	质量要求
硫化物及硫酸盐含量 （折算成 SO_3，按重量计）（%）	≤1.0
卵石中有机质含量（用比色法试验）	颜色应不深于标准色。 如深于标准色，则应配制成混凝土进行强度对比试验，抗压强度比应不低于 0.95

当碎石或卵石中含有颗粒状硫酸盐或硫化物杂质的碎石或卵石，应进行专门检验，确认能满足混凝土耐久性要求后，方可采用。

ⅷ. 对于长期处于潮湿环境的重要结构混凝土，其所使用的碎石或卵石应进行碱活性检验。进行碱活性检验时，首先应采用岩相法检验碱活性骨料的品种、类型和数量。当检验出骨料含有活性二氧化硅时，应采用快速砂浆棒法和砂浆长度法进行碱活性检验，当检验出骨料中含有活性碳酸盐时，应采用岩石柱法进行碱活性检验。经上述检验，当判定骨料存在潜在碱-碳酸盐反应危害时，不宜用作混凝土骨料；否则，应通过专门的混凝土试验，做最后评定。

当判定骨料存在潜在碱-硅反应危害时，应控制混凝土中的碱含量不超过 3 kg/m³，或采用能用抑制碱-骨料反应的有效措施。

b. 碎石或卵石的验收应符合以下要求：

ⅰ. 应按同产地同规格分批验收。用大型工具（如火车、货船、汽车）运输的，以 400 m³ 或 600 t 为一验收批。用小型工具（如拖拉机等）运输的，以 200 m³ 或 300 t 为一验收批。不足上述数量者以一验收批论。

ⅱ. 每验收批至少应进行颗粒级配、含泥量、泥块含量及针、片状颗粒含量检验。对重要工作或特殊工程，应根据工程要求增加检测项目。如对其他指标的合格性有怀疑时应予检验。

当质量比较稳定、进料量又较大时，可以 1 000 t 为一验收批。定期检验。当使用新产的石子时，供货单位应按碎石或卵石的技术指标要求进行全面检验。

ⅲ. 碎石或卵石的质量检测报告内容应包括：委托单位、样品编号、工程名称、样品产地、类别、代表数量、检测依据、检测条件、检测项目、检测结果、结论等。

c. 碎石或卵石的取样应符合下列要求：

ⅰ. 每验收批的取样应按下列规定进行：

从料堆上取样时，取样部位应均匀分布。取样前先将取样部位表面铲除，然后由各部位抽取大致相等的石子 16 份组成一组样品；

从皮带运输机上取样时，应在皮带运输机机尾的出料处用接料器定时抽取 8 份石子，组成一组样品；

从火车、汽车、货船上取样时，应从不同部位和深度抽取大致相同的石子 16 份，组成一组样品。

ⅱ. 除筛分析外，当其余检验项目存在不合格时，应加倍取样进行复检。当复验仍有一项试不满足标准要求,应按不合格品处理。

ⅲ.每组样品应妥善包装,避免细料散失,防止污染。并应附明样品卡片、标明样品的编号、取样时间、代表数量、产地、样品量、要求检验的项目及取样方式等。

d.碎石或卵石的含水率试验。

ⅰ.含水率试验应采用下列仪器设备:

烘箱—能使温度控制在 105 ℃±5 ℃;

天平—称量 20 kg,重量 20 g;

容器—如浅盘等。

ⅱ.含水率试验应按下列步骤进行:

按表 4.18 要求的称取试样,分成两份备用;将试样置于干净的容器中,称取试样和容器的共重(m_1),并在 105±5 ℃烘箱中烘干至恒重;取出试样,冷却后称取试样与容器的共重(m_2)。

表 4.18　含水率试验所需的试样最少重量

最大粒径	10	16	20	25	31.5	40	63	80
试样最少重 /kg	2	2	2	2	3	3	4	6

ⅲ.含水率为:

$$W_{wc} = \frac{m_1 - m_2}{m_2 - m_3} \times 100\% \,(\text{精确至 } 0.1\%) \tag{4.2}$$

式中　m_1——未烘的试样与容器的总重(g);

　　　m_2——烘干的试样与容器的总重(g);

　　　m_3——容器重量(g)。

以两次试验结果的算术平均值作为测定值。各次试验前试样应密封,以防水分散失。

④掺合料:

a.用于混凝土中的掺合料,应符合《用于水泥和混凝土中的粉煤灰》、《用于水泥中的火山灰质混合材料》以及《用于水泥中的高炉矿渣》标准的规定。

当采用其他品种的掺合料时,其烧火量和有害物质含量等质量指标应通过试验,确定符合混凝土质量要求时,方可使用。

b.选用的掺合料,应使混凝土满足预定改善性能的要求或在满足性能要求的前提下取代水泥。其掺量在通过试验确定,其取代水泥的最大取代量应符合相关标准的规定。

c.掺合料在运输与存储中,应有明显标志。禁止与水泥等其他粉状材料混淆。

⑤混凝土外加剂。选用外加剂时,应根据混凝土的性能要求、施工工艺及气候条件,结合混凝土的原材料性能、配合比以及对水泥的适当性等因素,通过试验确定其品种和掺量。混凝土外加剂各项技术指标要求:

a.掺外加剂混凝土性能指标应符合表 4.19 的要求。

表 4.19　受检混凝土性能指标

项目	外加剂品种												
	高性能减水剂 HPWR			高效减水剂 HWR		普通减水剂 WR			引气减水剂 AEWR	泵送剂 PA	早强剂 Ac	缓凝剂 Re	引气剂 AE
	早强型 HPWR-A	标准型 HPWR-S	缓凝型 HPWR-R	标准型 HWR-S	缓凝型 HWR-R	早强型 WR-A	标准型 WR-S	缓凝型 WR-R	AEWR	PA	Ac	Re	AE
减水率/%，不小于	25	25	25	14	14	8	8	8	10	12	—	—	6
泌水率比/%，不大于	50	60	70	90	100	95	100	100	70	70	100	100	70
含气量/%	≤6.0	≤6.0	≤6.0	≤3.0	≤4.5	≤4.0	≤4.0	≤5.5	≥3.0	≤5.5	—	—	≥3.0
凝结时间之差/min　初凝	−90~+90	−90~+120	>+90	−90~+120	>+90	−90~+90	−90~+120	>+90	−90~+120	—	−90~+90	>+90	−90~+120
凝结时间之差/min　终凝	−90~+90	−90~+120	>+90	−90~+120	>+90	−90~+90	−90~+120	>+90	−90~+120	—	−90~+90	>+90	−90~+120
1 h 经时变化量　坍落度/mm	—	≤80	≤60	—	—	—	—	—	—	≤80	—	—	—
1 h 经时变化量　含气量/%	—	—	—	—	—	—	—	—	−1.5~+1.5	—	—	—	−1.5~+1.5
抗压强度比/%，不小于　1d	180	170	—	140	—	135	—	—	—	—	135	—	—
抗压强度比/%，不小于　3d	170	160	—	130	—	130	115	—	115	—	130	—	95
抗压强度比/%，不小于　7d	145	150	140	125	125	110	115	110	110	115	110	100	95
抗压强度比/%，不小于　28d	130	140	130	120	120	100	110	110	100	110	100	100	90
收缩率比/%，不大于　28d	110	110	110	135	135	135	135	135	135	135	135	135	135
相对耐久性（200 次）/%，不小于	—	—	—	—	—	—	—	—	80	—	—	—	80

注 1：表中抗压强度比、收缩率比、相对耐久性为强制性指标，其余为推荐性指标。

注 2：除含气量外，表中所列数据为掺外加剂混凝土与基准混凝土的差值或比值。

注 3：凝结时间之差性能指标中的"−"号表示提前，"+"号表示延缓。

注 4：相对耐久性（200 次）性能指标中的"≥80"表示将 28 d 龄期的受检混凝土试件快速冻融循环 200 次后，动弹性模量保留值≥80%。

注 5：1 h 含气量经时变化量中的"−"号表示含气量增加，"+"号表示含气量减少。

注 6：其他品种的外加剂是否需要测定相对耐久性指标，由供、需双方协商确定。

注 7：当用户对泵送剂等产品有特殊要求时，需要进行的补充试验项目、试验方法及指标，由供需双方协商决定。

b.匀质性指标应符合表4.20的要求。

表4.20 匀质性指标

试验项目	指标
氯离子含量/%	不超过生产厂控制值
总碱量/%	不超过生产厂控制值
含固量/%	$S>25\%$ 时,应控制在 $0.95S\sim1.05S$ $S\leqslant25\%$ 时,应控制在 $0.90S\sim1.10S$
含水量/%	$W>25\%$ 时,应控制在 $0.90W\sim1.10W$ $W\leqslant25\%$ 时,应控制在 $0.80W\sim1.20W$
密度/$(g\cdot cm^{-3})$	$D>1.1$ 时,应控制在 $D\pm0.03$ $D\leqslant1.1$ 时,应控制在 $D\pm0.02$
细度	应控制在生产厂控制范围内
pH	应控制在生产厂控制范围内
硫酸钠含量/%	不超过生产厂控制值

注1:生产厂应在相关的技术资料中明示产品匀质性指标的控制值;

注2:对相同和不同批次之间的云执行和等效性的其他要求,可由供需双方商定;

注3:表中的 S、W 和 D 分别为含固量、含水率和密度的生产厂控制值。

c.选用的外加剂应具有产品合格证、出厂检验报告以及说明书:

ⅰ.出厂检验报告所包括的检验内容应符合表4.21的规定:

表 4.21 外加剂测定项目

测定项目	外加剂品种												备注
	高性能减水剂 HPWR			高效减水剂			普通减水剂 WR			引气减水剂 AEWR	泵送剂 PA	早强剂 Ac	缓凝剂 Re	引气剂 AE	
	早强型 HPWR-A	标准型 HPWR-S	缓凝型 HPWR-R	标准型 HWR-S	缓凝型 HWR-R	早强型 WR-A	标准型 WR-S	缓凝型 WR-R						
含固量														液体外加剂必测
含水率														粉状外加剂必测
密度														液体外加剂必测
细度														粉状外加剂必测
pH 值	√	√	√	√	√	√	√	√	√	√	√	√	√	
氯离子含量	√	√	√	√	√	√	√	√	√	√	√	√	√	每3个月至少一次
硫酸钠含量	√	√		√		√					√			每3个月至少一次
总碱量	√	√	√	√	√	√	√	√	√	√	√	√	√	每年至少一次

ⅱ. 说明内容应包括生产厂名称；产品名称及型号、产品性能特点、主要成分及技术指标；适用范围；推荐掺量；储存条件及有效期，有效期从生产日期算起，企业根据产品性能自行规定；使用方法、注意事项、安全防护提示等。

d. 外加剂的包装应符合以下要求：

ⅰ. 粉状外加剂可采用有塑料袋衬里的编织袋包装；液体外加剂可采用塑料桶、金属桶包装。包装误差不超过1%。液体外加剂也可采用槽车运输。

ⅱ. 所有包装的容器上均应在明显位置注明以下内容：产品名称及型号、代号、执行标准、商标、净质量或体积、生产厂名及有效期限。生产日期及产品批号应在产品合格证上予以说明。

e. 混凝土中掺用外加剂的质量及应用技术除应符合上述要求外，还应符合《混凝土外加剂应用技术规范》（GB50119—2013）等有关环境保护的规定。

钢筋混凝土结构中，当使用含氯化物的外加剂时，混凝土中氯化物的总含量应满足本节技术准备中的要求。

f. 外加剂的检验批及取样应符合以下要求：

ⅰ. 同品种、同一编号的外加剂，掺量大于1%（含1%）时，100 t为一检验批；当掺量小于1%时，50 t为一检验批；不足100 t或50 t时，也按一个检验批检验。

ⅱ. 取样时从3个或者更多的点处取等量均匀混合。每一编号取样量不少于0.2 t水泥所需用的外加剂量。

g. 不同品种外加剂应分别存储，做好标记，在运输及存储时不得混入杂物和遭受污染。

（2）搅拌用水。混凝土拌制用水宜采用饮用水；在采用其他水源时，应进行取样检测，水质应符合《混凝土拌合用水标准》（JGJ 63-2006）的规定。

（3）主要机具。主要机具包括混凝土生产设备、运输以及泵送设备、浇筑和捣实设备及手工操作器具等。

①混凝土搅拌设备：混凝土搅拌机、拉铲、抓斗、皮带输送机、装载机、推土机、散装水泥储存罐以及磅秤（或自动计量设备）。

②运输设备：客货两用电梯或龙门架（提升架）、塔式起重机、混凝输送泵、混凝土搅拌运输车、布料杆、自卸翻斗汽车、机动翻斗车以及手推车等。

③混凝土振捣设备：插入式振动器和平板式振动器等。

④主要工具：尖锹、平锹、混凝土吊斗、贮料斗、木抹子，刮杠、胶皮水管、铁插尺、铁板、电工常规工具、机械常规工具以及对讲机等。

（4）作业条件。

①所有的原材料经检查，全部应满足设计配合比单价提出的要求。

②根据原材料及设计配合比进行混凝土配合比检验，应符合坍落度、强度及耐久性等方面要求。

③新下达的混凝土配合比，应进行开盘鉴定，并满足要求。

④搅拌机及其配套的设备业经运行、安全可靠。同时配有专职技工，随时检修。电源和配电系统符合要求，安全可靠。

⑤所有计量器具必须有经检定的有效期标识。地磅下面和周围的砂、石清理干净，计量器具可靠灵敏，并按施工配合比设专人定磅。

⑥需浇筑混凝土的工程部位已办理隐检手续及混凝土浇筑的申请单已经有关人员批准。

⑦管理人员向作业班组进行配合比、操作规程以及安全技术交底。

⑧现场已准备足够的砂、水泥、石子、掺合料以及外加剂等材料,能满足混凝土连续浇筑的要求。

⑨木模在混凝土浇筑之前洒水湿润。

⑩依据泵送浇筑作业方案,确定泵车型号、使用数量;搅拌运输数量、行走路丝以及布置方式,浇筑程序、布料方法以及明确布设。

⑪浇筑混凝土必须的脚手脚及马道已经搭设,经检查符合施工需要及安全要求。混凝土搅拌站至浇筑地点的临时道路已经修筑,能保证运输道路畅通。

⑫泵送操作人员经培训、考核合格,持证上岗。

(5)关键要求。

①材料要求。

a. 所用的水泥应有质量证明文件。质量证明文件内容应包括水泥的各项技术要求及试验结果。水泥厂在水泥发出之日起 7 天内寄发的质量证明文件应包括除 28 天强度以外的各项试验结果。28 天强度数值,应在水泥发出之日起 32 天内补报。

b. 骨料的选用应符合以下要求:

ⅰ. 混凝土粗骨料宜采用连续级配。混凝土粗骨料最大公称粒径不得大于构件截面最小尺的 1/4,且不得大于钢筋最小净间距的 3/4;对混凝土实心板.骨料的最大公称粒径不宜大于板厚的 1/2,且不得超过 50 mm。对于大体积混凝土,粗骨料最大公称粒径不宜小于 31.5 mm。对于有抗渗、抗冻、抗腐蚀、耐磨或其他特殊要求的混凝土,粗骨料中的含泥量和泥块含量分别不应大于 1.0% 和 0.5%;坚固性检验的质量损失不应大于 8%。对于高强混凝土,粗骨料的岩石抗压强度应至少比混凝土设计强度高 30%;最大公称粒径不宜大于 25 mm,针片状颗粒含量不宜大于 5% 且不应大于 8%;含泥量和泥块含量分别不应大于 0.5% 和 0.2%。对粗骨料或用于制作粗骨料的岩石,应进行碱活性检验,包括碱—硅酸反应活性检验和碱—碳酸盐反应活性检验;对于有预防混凝土碱—骨料反应要求的混凝土工程,不宜采用有碱活性的粗骨料。

泵送混凝土用的碎石,不应大于输送管内径的 1/3;卵石不应大于输送管内径的 2/5。

ⅱ. 泵送混凝土宜采用中砂,且 300 μm 筛孔的颗粒通过量不宜少于 15%。

对于有抗渗、抗冻或其他特殊要求的混凝土,砂中的含泥量和泥块含量分别不应大于 3.0% 和 1.0%;坚固性检验的质量损失不应大于 8%。

对于高强混凝土,砂的细度模数宜控制在 2.6~3.0 范围之内,含泥量和泥块含量分别不应大于 2.0% 和 0.5%。

钢筋混凝土和预应力混凝土用砂的氯离子含量分别不应大于 0.06% 和 0.02%。

混凝土用海砂应经过净化处理。

混凝土用海砂氯离子含量不应大于 0.03%,贝壳含量应符合表 4.22 的规定。海砂不得用于预应力混凝土。

表4.22　混凝土用海砂的贝壳含量(按质量计,%)

混凝土强度等级	≥C60	C55～C40	C35～C30	C25～C15
贝壳含量	≤3	≤5	≤8	≤10

人工砂中的石粉含量应符合表4.23的规定。

表4.23　人工砂中石粉含量　　　　　　　　　　　　　单位:%

混凝土强度等级		≥C60	C55～C30	≤C25
石粉含量	MB<1.4	≤5.0	≤7.0	≤10.0
	MB≥1.4	≤2.0	≤3.0	≤5.0

不宜单独采用特细砂作为细骨料配制混凝土。

河砂和海砂应进行碱–硅酸反应活性检验;人工砂应进行碱—硅酸反应活性检验和碱—碳酸盐反应活性检验;对于有预防混凝土碱—骨料反应要求的工程,不宜采用有碱活性的砂。

c.未经处理的海水严禁用于钢筋混凝土和预应力钢筋混凝土。当骨料具有碱活性时,混凝土用水不得采用混凝土企业生产设备洗涮水。

d.混凝土拌合物中的水溶性氯离子最大含量(水泥用量的质量百分比,%)应符合表4.24规定。

表4.24　混凝土拌合物中的水溶性氯离子最大含量(水泥用量的质量百分比,%)

环境	水溶性氯离子最大含量		
	钢筋混凝土	预应力混凝土	素混凝土
干燥环境	0.30		
潮湿但不含氯离子的环境	0.20	0.06	1.00
潮湿且含有氯离子的环境、盐渍土环境	0.10		
除冰盐等侵蚀性物质的腐蚀环境	0.06		

e.混凝土拌合物中的碱含量<3.0 kg/m³。

f.混凝土拌合物性能应满足设计和施工要求。混凝土拌合物性能试验方法应符合现行国家标准《普通混凝土拌合物性能试验方法标准》(GB T 50080—2002)的有关规定;坍落度经时损失试验方法应符合《混凝土质量控制标准》(GB 50164—2011)附录A的规定。混凝土拌合物的稠度可采用坍落度、维勃稠度或扩展度表示。坍落度检验适用于坍落度不小于10 mm的混凝土拌合物,维勃稠度检验适用于维勃稠度5 s～30 s的混凝土拌合物,扩展度适用于泵送高强混凝土和自密实混凝土。

g.混凝土拌合物的坍落度应均匀,坍落度允许偏差应符合表4.25的要求。

表4.25　混凝土拌合物的坍落度允许偏差

坍落度/mm	允许偏差/mm
≤50	±10
50～90	±20
≥100	±30

h.掺用引气型外加剂混凝土拌合物的含气量宜符合表4.26的规定。

表4.26　混凝土含气量

粗骨料最大公称粒径/mm	混凝土含气量/%
20	≤5.5
25	≤5.0
40	≤4.5

i.各类具有室内使用功能的建筑用混凝土外加剂中释放氨的量应≤0.10%(质量分数)。

j.混凝土拌合物应拌和均匀,颜色一致,不可有离析和泌水现象。

②技术要求。

a.第一工作班正式称量前,应对计量设备进行零点校验。

b.运送混凝土的容器和管道,应不吸水、不漏浆。容器及管道在冬期应有保温措施,夏季最高气温超过40℃,应有隔热措施。

c.混凝土拌合物运到浇筑地点时的温度,最高不宜超过35℃;最低不宜低于5℃。

d.在浇筑混凝土时,应经常观察模板、支架、钢筋、预埋件以及预留孔洞的情况,当发现有变形、移位时,应立即停止浇筑,并且应在已浇筑的混凝土凝结前修整完好。

e.在浇筑与柱、墙连成整体的梁和板时,应于柱和墙浇筑完毕后停歇1~1.5小时,使混凝土获得初步沉实后,于继续浇筑,或采取二次振捣的方法进行。

f.在浇筑混凝土时,应制作供结构拆模、张拉以及强度合格评定用的标准养护和与结构混凝土同条件养护的试件。需要时还应制作抗冻、抗渗或者其他性能试验用的试件。

g.对于有预留洞、预埋件以及钢筋密集的部位,应采取技术措施,保证顺利布料和振捣密实。在浇筑混凝土时,应经常观察,当发现混凝土存在不密实等现象,应立即予以纠正。

h.水平结构的混凝土表面,应适时用木抹子磨平(必要时,可用铁筒滚压)搓毛两遍以上,且最后一遍宜在混凝土收水时完成。

i.应控制混凝土处于有利于硬化及强度增长的温度和湿度环境中。

③质量要求。

a.进场原材料必须按有关标准规定取样检测,并满足有关标准要求。

b.生产过程中应测定骨料的含水率,第一工作班不应少于一次,若含水率有显著变化,应增加测定次数,根据检测结果及时调整用水量和骨料用量。

c.宜采用强制式搅拌机搅拌混凝土。

d.混凝土搅拌的最短时间应符合表4.27的规定。在搅拌混凝土时,原材料应计量准确,上料顺序正确。混凝土的搅拌时间、原材料计量以及上料顺序,每一工作班至应抽查两次。

e.混凝土拌合物的坍落度应在搅拌地点及浇筑地点分别取样检测。所测坍落度应符合设计和施工要求,其允许偏差应符合表4.21的规定。

每一工作班不应少于一次。评定时应要以浇筑地点的为准。

在检测坍落度时,还应观察混凝土拌合物的黏聚性及保水性。

f.混凝土从搅拌机卸出后至浇筑完毕的延续时间应符合表4.29的规定。

g.混凝土运送至浇筑地点,应立即浇筑入模。若混凝土拌合物出现离析或分层现象,应对混凝土拌合物进行二次搅拌。

h.浇筑混凝土应连续进行。若必须间歇,则其间歇时间宜缩短,并应在前层混凝土凝结之前,将次层混凝土浇筑完毕。

混凝土运输、浇筑及间歇的全部时间不得长于混凝土初凝时间,当长于规定时间必须设置施工缝。

i.混凝土应振捣成型,依据施工对象及混凝土拌合物性质应选择适当的振捣器,并且确定振捣时间。

j.混凝土在浇筑及静置过程中,应采取措施避免产生裂缝。由于混凝土的沉降及干缩产生的非结构性的表面裂缝,应于混凝土终凝前予以修整。

k.施工现场应根据施工环境、对象、水泥品种、外加剂以及对混凝土性能的要求,提出具体的养护方法,并且应严格执行规定的养护制度。

④安全要求。

a.施工现场所有用电设备,除作保护接零之外,必须在设备负荷线的首端处设置,漏电保护装置。

b.架空线必须采用绝缘铜线或者绝缘铝线。

c.每台用电设备都应有各自专用的开关箱,必须实行"一机一闸"制,禁止用同一个开关电器直接控制两台及两台以上用电设备(含插座)。

d.开关箱中必须装设漏电保护器。进入开关箱的电源线禁止使用插座线连接。

e.严禁将各种电源导线直接绑扎在金属架上。

f.需要夜间工作的塔式起重机,应设置正对工作面的投光灯。当塔身高于30 m时,应在塔顶及臂架端部装设防撞红色信号灯。

g.分层施工楼梯口及梯段边,必须安装临时护栏。顶层楼梯口应随工程结构进度安装正式防护栏杆。

h.作业人员应在规定的通道上下,不得在阳台之间等非规定通道攀登,也不得任意借助吊车臂架等施工设备进行攀登。

上下梯子时,必须面向梯子,并且不得手持器物。

i.混凝土浇筑时的悬空作业,必须遵守以下规定:

　ⅰ.浇筑离地2 m以上独立柱、框架、过梁、雨篷和小平台时,应设操作平台,不得直接站在模板或支撑件上操作。

　ⅱ.特殊情况下如无可靠的安全设施,必须系好安全带、扣好保险钩,并架设安全网。

j.操作人员应体检合格,无妨碍作业的疾病和生理缺陷,并应经过专业培训、考核合格取得操作证后,并经过安全技术交底,方可持证上岗。

k.在工作中操作人员和配合作业人员必须按规定穿戴劳动保护用品,头戴安全帽,长发应束紧不得外露,高处作业必须系安全带。

l.机械必须按照出厂使用说明书规定的技术性能、承载能力和使用条件,正确操作,合理使用,严禁超载作业或任意扩大使用范围。

m.机械上的各种安全防护装置及保险装置和各种安全信息必须齐全有效。

n.搅拌机作业中,当料斗升起时,严禁任何人在料斗下停留或通过,当需要在料斗下方进行清理或检修时,应将料斗提升至上止点并用保险销锁牢。

o.电缆线应满足操作所需的长度,电缆线上不得堆压物品或者让车辆挤压,严禁电缆线拖拉或吊挂振动器。

⑤环境要求。

a.在机械产生对人体有害的气体、液体、尘埃、渣滓、放射性射线、振动、噪声等物所,应配置相应的安全保护设备、检测设备(仪器)、废品处理装置;在隧道、沉井、管道基础施工中,应采取相应措施,使有害物质控制在规定的范围内。

b.混凝土机械作业场地应有良好的排水条件,机械近旁应有水源,在机棚内应有良好的通风,采光及防雨、防冻设施,并且不得有积水。

c.作业后,应及时将机内、冰箱内、管道内的存料、积水放尽,并且应清洁保养机械,清理工作场地。

d.应选用低噪声或者有消声降噪设备的混凝土机械。

e.现场混凝土搅拌站应搭设封闭的搅拌棚,避免扬尘和噪声污染。

第75讲　混凝土搅拌

(1)混凝土的搅拌要求。

①搅拌混凝土前,宜把搅拌筒充分润滑。搅拌第一盘时,宜按配合比减少粗骨料用量。在全部混凝土卸出前不得再投入拌合料,更不得采取边出料边进料的方法进行搅拌。

②混凝土搅拌中必须严格控制水灰比及坍落度,未经试验人员同意禁止随意加减用水量。

③混凝土的原材料计量:

水泥计量:搅拌时采用袋装水泥时,应当抽查10袋水泥地平均重量,并以每袋水泥的实际重量,按设计配合比确定每盘混凝土的施工配合比;搅拌时采用散装水泥的,应每盘精确计量。

外加剂及混合料计量:对于粉状的外加剂与混合料,宜按照施工配合比每盘的用料,预先在外加剂和混合料存放的仓库中进行计量,并以小包装运至搅拌地点备用;液态外加剂应随用随搅拌,并用比重计检查其浓度,宜用量筒计量。

混凝土原材料每盘称量的允许偏差应满足表4.27的规定。

表4.27　原材料每盘称量的允许偏差

材料名称	允许偏差	材料名称	允许偏差
水泥、掺合料	±2%	水、外加剂	±2%
粗、细骨料	±3%		

注:①各种衡器应定期校验,每次使用前应进行零点校核,保持计量准确。

②当遇雨天或含水率有显著变化时,应增加含水率检测次数,并及时调整水和骨料的用量。

混凝土搅拌的装料顺序:当没有外加剂、混合料时,依次进入上料的顺序宜为粗骨料→水泥→细骨料;当有掺混合料时,依次进入上料斗的顺序宜为粗骨料→水泥→混合料→细骨料;当掺干粉状外加剂时,依次进入上料斗的顺序宜为粗骨料→外加剂→水泥→细骨料或粗骨料→水泥→细骨料→外加剂。

混凝土的搅拌时间宜根据表4.28确定。

表4.28　　混凝土搅拌的最短时间　　　　　　　　　　　　　　单位:s

混凝土坍落度 /mm	搅拌机类型	搅拌机容积/L		
		小于250	250~500	大于500
≤40	强制式	60	90	120
>40 且≤100	强制式	60	60	90
≥100	强制式	60		

注:混凝土搅拌的最短时间指全部材料装入搅拌筒中起,到开始卸料止的时间。

（2）冬期施工混凝土的搅拌时:

①室外日平均气温连续5天稳定低于5 ℃时,混凝土拌制应采取冬施措施,并且应及时采取气温突然下降的防冻措施。配制冬期施工的混凝土,宜优先选用硅酸盐水泥或者普通硅酸、盐水泥,并且水泥强度等级不宜低于42.5 MPa,最小水泥用量不应少于300 kg/m^3,水灰比不应大于0.6。

②混凝土所用骨料应清洁,不得含有冰、冻结物和其他易冻裂物质。在掺用有钾、钠离子的防冻剂混凝土中,不得采用活性骨料或者在骨料中混有这类物质的材料。

③在钢筋混凝土中掺用氯盐类防冻剂时,氯盐掺量不得大于水泥重量的1%（按照无水状态计算）,且不得采用蒸汽养护。在以下情况下的钢筋混凝土中不得采用氯盐:

排出大量蒸汽的车间、浴池、游泳馆、洗衣房和经常处于空气相对湿度大于80%的房间以及有顶盖的钢筋混凝土蓄水池等在高湿度空气环境中使用的结构;

处于水位升降部位的结构;

露天结构或经常受雨、水淋的结构;

有镀锌钢材或铝铁相接触部位的结构,和有外露钢筋、预埋件而无防护措施的结构;

与含有酸、碱或硫酸盐等侵蚀介质相接触的结构;

使用过程中经常处于环境温度为60 ℃以上的结构;

使用冷拉钢筋或冷拔低碳钢丝的结构;

薄壁结构,中级和中级工作制吊车、屋架、落锤或锻锤基础结构;

电解车间和直接靠近直流电源的结构;

直接近高压电源（发电站、变电所）的结构;

预应力混凝土结构。

④采用非加热养护法施工所选用的外加剂,宜优先选择含引气成分的外加剂,含气量宜控制在2%~4%。

⑤冬期拌制混凝土应优先采用加热水的方法。水和骨料的加热温度应根据加热工计算确定,但不得大于表4.29的规定。

表4.29　　拌合水和骨料最高温度要求

项目	拌合水	骨料
强度等级小于42.5的普通硅酸盐水泥、矿渣硅酸盐水泥	80 ℃	60 ℃
强度等级大于42.5的普通硅酸盐水泥、矿渣硅酸盐水泥	60 ℃	40 ℃

⑥水泥不得直接加热,宜在使用前运入暖棚内存放。

⑦当骨料不加热时,水可加热到100 ℃,但水泥不应直接接触80 ℃以上的水。投料顺序为先投入骨料和已加热的水,然后再投入水泥。混凝土拌制之前,应用热水或蒸汽冲洗搅

拌机,拌制时间应取常温的1.5倍。混凝土拌合物的出机温度不宜低于10℃,而入模温度不得低于5℃。

⑧冬期混凝土拌制的质量检查除遵守规范的规定外,应进行下列检查:

检查外加剂掺量;测量水、骨料、水泥以及外加剂溶液入机温度;测量混凝土出罐及入模时温度;室外气温及环境温度;搅拌机棚温度。上述检查每一工作班不宜少于四次。

冬期施工混凝土试块的留置除应满足一般规定外,尚应增设不少于二组与结构同条件养护的试件,用于检验受冻前的混凝土强度。

(3)混凝土拌制中应进行下列检查:

①检查拌制混凝土所用原材料的品种、规格以及用量,每一个工作班至少两次;

②检查混凝土的坍落度和和易性,每一工作班至少两次;

③混凝土的搅拌时间应随时检查。

第76讲 混凝土运输

(1)混凝土运输车装料前应把拌筒内、车斗内的积水排净。

(2)在运输途中拌筒应保持3~5转/分的慢速转动。

(3)混凝土应以最少的转载次数和短时间,从搅拌地点运至浇筑地点。混凝土的延续时间不宜超过表4.30的规定。

表4.30 混凝土从搅拌机中卸出到浇筑完毕的延续时间

混凝土强度等级	气温/℃	
	不高于25 ℃	高于25 ℃
不高于C30	120 min	90 min
高于C30	90 min	60 min

注:对掺外加剂或快硬水泥拌制的混凝土,其延续时间应按试验确定。

第77讲 混凝土泵送

(1)混凝土泵送的选型、配管设计应依据工程和施工场地特点、混凝土浇筑方案、要求的最大输送距离,最大输出量及混凝土浇筑计划参照《混凝土泵送施工技术规程》(JGJ/T10—2011)确定。

(2)混凝土泵车的布置应考虑以下条件:

混凝土泵设置处应场地平整、坚实,道路畅通,方便供料,距离浇筑地点近,便于配管,具有重车行走条件;

混凝土泵应尽可能靠近浇筑地点。使用布料工作时,能使浇筑部位尽可能地在布料杆的工作范围内,尽量少移动泵车就能完成浇筑;

多台混凝土泵或泵车同时浇筑时,选定的位置要使其自承担的浇筑量接近,最好能够同时浇筑完毕,防止留置施工缝;

接近排水设施和供水、供电方便。在混凝土泵的作业范围之内,不得有高压线等障碍物;

在高层建筑采用接力泵泵送混凝土时,接力泵的设置位置应使上、下泵的输送能力相匹配;

设置接力泵的楼面或者其他结构部位应验算其结构所能承受的荷载,必要时应采取加固的措施；

在混凝土泵的作业范围内，不得有碍阻物及高压电线，同时要有防范高空坠物的措施；

混凝土泵的转移运输时要注意安全要求，应满足产品说明及有关标准的规定。

（3）混凝土输送管的固定，不得直接支撑在钢筋、模板及预埋件上，并应符合以下规定：

水平管宜每隔一定距离用支架、台垫以及吊具等固定，以便排除堵管、装拆和清洗管道；

垂直管宜用预埋件固定在墙和柱或者楼板预留孔处，在墙及柱上每节管不得少于1个固定点，在每层楼板预留孔处均应固定；

位于垂直管下端的弯管，不应作为上部管道的支撑点，宜设钢支撑承受垂直管重量；

管道接头卡箍处不得漏浆；

在炎热季节施工时，要在混凝土输送管上遮盖湿罩布或者湿草袋，以避免阳光照射，同时每隔一定的时间洒水湿润；

在严寒季节施工时，混凝土输送管道应用保温材料包裹。可避免管内混凝土受冻，并保证混凝土的入模温度。

（4）混凝土搅拌运输车给混凝土泵喂料时，应符合以下要求：

向泵喂料前，应中、高速度旋转拌筒20~30秒，使混凝土拌合物均匀，当拌筒停稳之后，方可反转卸料；

卸料应配合泵送均匀进行，并且应使混凝土保持在集料斗内高度标志线以上；

在遇特殊情况中断喂料作业时，应使拌筒保持慢速拌合混凝土。喂料作业应由本车驾驶员完成，禁止非驾驶人员操作。

（5）混凝土的泵送宜按以下要求进行：

混凝土泵的操作应严格执行使用说明书相关规定。同时应根据使用说明书制订专门操作要点。操作人员必须通过专门培训后方可上岗独立操作。

混凝土泵送施工现场，应有统一指挥和调度，以确保顺利施工。

泵送施工时，应规定联络信号及配备通信设备，可采用有线或无线通信设备等进行混凝土泵送、搅拌运输车和搅拌站同浇筑地点之间的通信联络。

在配制泵送混凝土布料设备时，应根据工程特点、施工工艺以及布料要求等来选择布料设备。在布置布料设备时，应根据结构平面尺寸及配管情况等考虑，要求布料设备应能覆盖整个结构平面、并能均匀、迅速进行布料。设备应稳定、牢固且不影响其他工序正常操作。

泵送混凝土时，泵机必须放置在坚固平整的地面上。当安置混凝土泵时，应根据要求将其支腿完全伸出，并将安全销插好。在场地软弱时采取在支腿下垫枕木等措施，以防混凝土泵的移动或倾翻。

混凝土泵与输送管连通之后，应按所用混凝土泵使用说明书的规定进行全面检查，符合要求后方能开机进行空运转。如果气温较低，空运转时间应长些，要求液压油的温度升至15 ℃以上时才能投料泵送。

启动混凝土泵之后，应先泵送适量水（约10 L）以湿润混凝土泵的料斗、活塞及输送管的内壁等直接与混凝土接触部位。泵送时，混凝土泵应处于慢速，匀速并且随时可能后泵的状态。泵送的速度应先慢后加速。同时，应观察混凝土泵的压力及各系统的工作情况，待各系统运转顺利，方可以正常速度进行泵送。混凝土泵送连续进行，若必须中断时，则其中断时不得超过搅拌至浇筑完毕所允许的延续时间。

　　泵送混凝土时,混凝土泵的活塞应尽可能保持在最大行程运转。混凝土泵的水箱或者活塞清洗室中应经常保持充满水。

　　经检查,确认混凝土泵及输送管中无杂物后,宜采用混凝土内除粗骨料外的其他成分相同配合比的水泥砂浆润滑混凝土泵及输送管内壁。

　　润滑用水泥砂浆应分散分料,不得集中浇筑在同一处。

　　泵送混凝土时,如输送管内吸入了空气,应立即反泵吸出混凝土至料斗中重新搅拌,排出空气后再泵送。

　　在混凝土泵送过程中,如果需接长 3 m 及以上的输送管时,仍应预先用水或水泥砂浆,进行湿润和润滑内壁。不得将拆下的输送管内的混凝土撒落在未浇筑的地方。

　　当混凝土泵出现压力升高且不稳定、油温升高以及输送管明显振动等现象而泵送困难时,不得强行泵送,并应立即查明原因,采取措施排除。可以先用木槌敲击输送管弯管、锥形管等部位,并进行慢速泵送或反泵,避免堵塞。混凝土泵送应连接进行,如是有计划中断时,应在预先确定的中断浇筑部位,停止泵送,并且中断时间不宜超过 1 小时。

　　向下泵送混凝土时,应先将输送管上气阀打开,待输送管下段混凝土有一定压力时,方可关闭气阀。

　　混凝土泵送即将结束前,应准备计算尚需用混凝土数量,并且及时告知混凝土搅拌处。

　　废弃的混凝土及泵送终止时多余混凝土,应按照预先确定的处理方法和场所,及时进行妥善处理。

　　泵送完毕,应把混凝土泵和输送管清洗干净。清洗混凝土泵时,布料设备的出口应朝安全方向,以避免废浆高速飞出伤人。

第 78 讲　混凝土布料

　　混凝土布料机的选型、布设应根据混凝土浇筑场地特点、混凝土浇筑方案以及布料机的性能确定。

　　使用布料机时应注意以下事项:

　　(1)布料设备不得碰撞或者直接搁置在模板上;

　　(2)浇筑混凝土时,应注意保护钢筋,如果钢筋骨架发生变形或位移,应及时纠正;

　　(3)混凝土板的水平钢筋,应设置足够的钢筋撑脚或钢支架,钢筋骨架主要节点宜采取加固措施;

　　(4)手动布料杆应设钢支架架空,不得直接支承在钢筋骨架上。

　　使用布料杆泵车时,应遵守以下操作要点:

　　(1)布料杆作业范围应保持与高压输电线路一定安全距离;

　　(2)布料杆泵车的一切指示仪表和安全装置均不得擅自改动;

　　(3)进行检修和保养作业或排除故障时,必须将发动机关闭,使机器完全停止运转;

　　(4)布料杆泵车在斜坡上停车时,轮胎下必须用木楔垫牢,并且要支好支腿。风力超过8 级时,严禁使用布料杆布料;

　　(5)布料杆不应当作起重机吊臂使用。布料杆作业范围,应同脚手架及其他工地临时设施保持一定安全距离;

　　(6)布料杆必须折叠妥善之后,泵车才能行驶和转移。布料杆首端悬挂的橡胶软管长度

不得长于规定要求;

(7)布料杆以吹击法清洗臂架上附装的输送管时,杆端附近不许站人;

(8)布料杆各部结构完好情况应经常检查,每年应对布料杆进行一次全面安全大检查;

(9)作业时,司机必须集中精力,细心操作;禁止违章操作和擅离岗位。

第79讲　混凝土浇筑

(1)混凝土浇筑时的坍落度。

①对于商品混凝土应由试验员随机检查坍落度,并要分别做好记录。

②对于现场搅拌混凝土应按照施工组织设计要求或技术方案要求检查混凝土坍落度,并做好记录。

③混凝土浇筑时坍落度宜按表4.31选用。

表4.31　混凝土浇筑时的坍落度及允许偏差

项次	结构种类	入模方式		坍落度/mm
1	梁、板	塔吊		30~50
		泵送	30 m以下	120~140
			30~60 m	140~160
			60~100 m	160~180
			100以上	180~200
2	配筋较密的梁	塔吊		70~90

(2)混凝土的浇筑。

①混凝土从吊斗口下落的自由倾落高度不宜超过2 m。

②梁、板应同时浇筑,浇筑方法应从一端开始用"赶浆法",也就是先浇筑梁,根据梁高分层阶梯形浇筑,当达到板底位置时再和板的混凝土一起浇筑,随着阶梯形不断延伸,梁板混凝土浇筑连续向前进行。

③与板连成整体高度大于1 m的梁,允许单独浇筑。浇捣时,浇筑和振捣必须紧密配合,第一层下料慢些,梁底充分振实后再下二层料,以"赶浆法"保持水泥浆沿梁底包裹石向前推进,每层均应振实再下料,梁底和梁侧部位应振实,振捣时不得触动钢筋及预埋件。

④梁、柱节点钢筋较密,浇筑此处混凝土时宜采用小粒径石子同强度等级的混凝土浇筑,并且用小直径振捣棒振捣。

⑤浇筑板混凝土的虚铺厚度应略大于板厚,以平板振动器垂直浇筑方向来回振动,厚板可用插入式振捣器振捣,并用铁插尺检查混凝土厚度,振捣完毕之后用木抹子抹平。施工缝处或者有预埋件及插筋处用木抹子找平。浇筑板混凝土时禁止用振捣棒铺摊混凝土。

⑥当柱与梁、板混凝土强度等级差二级以内时,梁柱节点核心区的混凝土可以随楼板混凝土同时浇筑,但是在施工前应核算梁柱节点核心区的承载力,包括抗剪、抗压应符合要求;当柱与梁、板混凝土级差大于二级时,应先浇筑节点混凝土,强度和柱相同,如图4.1所示为其部位要求,必须在节点混凝土动凝前,浇筑梁板混凝土。

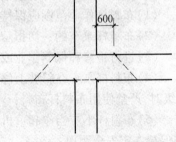

图4.1　先浇混凝土部位

⑦楼梯段混凝土自下而上浇筑,先振实底板混凝土,达到踏步位置时再和踏步混凝土一起浇捣,不断连续向上推进,并且随时用木抹子将踏步上表面抹平。

（3）泵送混凝土的浇筑。

①当采用输送管输送混凝土时,应由远及近浇筑。

②同一区域的混凝土,应先竖向结构再水平结构的顺序,分层连续浇筑。

③当不允许留施工缝时,区域之间、上下层之间的混凝土浇筑间歇时间,不得大于混凝土初凝时间。

第80讲　混凝土振捣

插入或振动器使用重点:

（1）使用前,应检查各部件完好与否,各连接处是否紧固,电动机绝缘是否可靠,电压和频率是否符合规定,检查合格之后,方可接通电源进行试运转。

（2）作业时,要使振动棒自然沉入混凝土,不得用力猛插,宜垂直插入并且插到尚未初凝的下层混凝土中 50 ~ 100 mm,以使上下层互相结合。

（3）振动棒各插点间距应均匀,插点间距不应大于振动棒有效作用半径的 1.25 倍,最大大于过 50 cm。振捣时,应"快插慢拔"。

（4）振动棒在混凝土内振捣时间,每插点为 20 ~ 30 秒,直到混凝土不再显著下沉,不出现气泡,表面泛出水泥浆和外观均匀为止。振捣时应把振动棒上下抽动 50 ~ 100 mm,使混凝土振实均匀。

（5）作业中要防止将振动棒触及钢筋、芯管及预埋件等,更不得采取通过振动棒振动钢筋的方法来促使混凝土振实;在作业时振动棒插入混凝土中的深度不应超过棒长的 2/3 ~ 3/4,更不宜将软管插入混凝土中,以避免水泥浆侵蚀软管而损坏机件。

（6）振动棒在使用中若温度过高,应立即停机冷却检查,冬季低温下,振动器使用前,要缓慢加温,使振棒内的润滑油解冻之后,方能使用;振动器软管的弯曲半径不得小于500 mm,并不得多于两个弯。软管不得有断裂、死弯现象,如果软管使用过久,长度变长时,应及时更换。

（7）振动器不得在初凝的混凝土上和干硬的地面上试振。

（8）禁止用振动棒撬动钢筋和模板,或将振动棒当锤使用;不得将振动棒头夹到钢筋中;移动振动器时,必须将电源切断,不得用软管或电缆线拖拉振动器。

（9）作业完毕,应将电动机、软管以及振动棒擦刷干净,按规定要求进行保养。振动器应放于干燥处,不要堆压软管。

平板振动器使用要点:

（1）平板振动器振捣混凝土,应使平板底面同混凝土全面接触,每一处振动到混凝土表面泛浆,不再下沉后,即可缓缓向前移动,移动速度以能确保每一处混凝土振实泛浆为准。移动时应确保振动器的平板覆盖已振实部分的边缘。在振动振动器不得在已初凝的混凝土上。

（2）振动器的引出电缆不能拉得过紧;严禁用电缆拖拉振动器;禁止用钢筋等金属物当绳来拖拉振动器。

（3）振动器外壳应保持清洁,以确保电动机散热良好。

第81讲　混凝土养护

混凝土浇筑完之后,为确保已浇筑好的混凝土在规定龄期内达到设计要求的强度,并防止产生收缩,应按照施工技术方案及时采取有效的养护措施,并应符合以下规定:

(1)应在浇筑完之后的12小时内对混凝土加以覆盖并保温养护。

(2)混凝土浇水养护的时间:对采用硅酸盐水泥,普通硅酸盐水泥或者矿渣硅酸盐水泥拌制的混凝土,不得少于7天;对于掺用缓凝型外加剂或有抗渗要求的混凝土,不得少于14天;当采用其他品种水泥时,混凝土的养护应通过所采用水泥的技术性能确定。

(3)浇水次数应能保持混凝土处于湿润状态;混凝土养护用水应和拌制用水相同。

(4)混凝土强度达到 1.2 N/ mm^2 之前,不得踩踏或安装模板及支架。

正常温度下施工常用的养护:

(1)覆盖浇水养护:借助平均气温高于+5 ℃的自然条件,用适当的材料对混凝土表面加以覆盖并浇水,使混凝土在一定的时间内保持水泥水化作用所需的适当温度及湿度条件。

(2)薄膜养护:在有条件的情况下,可以采用不透水、汽的薄膜布(如塑料薄膜布)养护。

用薄膜布将混凝土表面敞露的部分全部严密地覆盖起来,确保混凝土在不失水的情况下得到充足的养护。但是应该保持薄膜布内有凝结水。

(3)薄膜养生液养护:混凝土的表面使用浇水或者使用塑料薄膜布养护时,可采用涂刷薄膜养生液,以避免混凝土内部水分蒸发的方法进行养护。

冬期施工常用的养护:

(1)蓄热法养护:当气温不太低时,应优先采用蓄热法施工,蓄热法养护是把混凝土的组成材料进行加热后搅拌,在经过运输、振捣后仍具有一定温度,浇筑后的混凝土周围用保温材料严密覆盖。蓄热法施工,宜选用强度比较高、水化热比较大的硅酸盐水泥、普通硅酸盐水泥或快硬硅酸盐水泥。同时选用导热系数小,价廉而耐用的保温材料。端部和凸角要特别加强保温,新浇混凝土与已硬化混凝土连接处,为避免热量的传导损失,在必要时应采取局部加热措施。

(2)综合蓄热法养护:适用于在日平气温不低于-10 ℃或者极端最低气温不低于-16 ℃的条件下施工。综合蓄热法是在蓄热法工艺的基础之上,在混凝土中掺入防冻剂,以延长硬化时间及提高抗冻害能力。在混凝土拌合物中掺有少量的防冻剂,原材料预先加热,搅拌站与运输工具均要适当保温,拌合物浇筑后的温度通常须达到10 ℃以上,当构件的断面尺寸小于300 mm时须达到13 ℃以上。

(3)覆盖式养护:在混凝土成型、表面搓平之后,覆盖一层透明的或者黑色塑料薄膜(厚0.12~0.14 mm),其上再盖一层气垫薄膜(气泡朝下)。塑料薄膜应采用耐老化的,其接缝应采用热黏合。覆盖时应紧贴四周,用砂袋或者其他重物压紧盖严,避免被风吹开。塑料薄膜采用搭接时,其搭接长度应大于300 mm。

(4)暖棚法养护:对于混凝土大量较多的地下工程,日平均气温高于-10 ℃时可采用暖棚法养护。

暖棚法养护是在建筑物或者构件周围搭起大棚,借助人工加热使棚内空气保持正温,混凝土的浇筑与养护均在棚内进行。暖棚以脚手材料为骨架,用塑料薄膜或者帆布围护。塑料薄膜可使用厚度大于0.1 mm的聚乙烯薄膜,也可以使用以聚丙烯编织布和聚丙烯薄膜复合而成的复合布。塑料薄膜不仅重量轻,而且透光,白天不需要人工照明,吸收太阳能之后还能提高棚内温度。

(5)电热毯养护:当日平均气温低于-10 ℃时可以采用电热毯养护。电热毯由四层玻璃纤维布中间夹以电阻线制成。制作时先把0.6 mm铁铬铝合金电阻丝在适当直径的石棉绳上缠绕成螺旋状,按照蛇形线路铺设在玻璃纤维布上,电阻丝之间的档距均匀,转角处避免死弯,经缝合固定。电热毯的尺寸根据需要而定。电热毯外宜覆盖岩棉被作保温材料。

混凝土养护期间温度测量:

(1)蓄热法或综合蓄热法养护由混凝土入模开始至混凝土达到受冻临界强度,或者混凝土温度降到0 ℃或者设计温度以前,应至少每隔6小时测量一次。

(2)受冻混凝土的临界强度按《建筑工程冬期施工规程》(JGJ104—2011)的规定确定。

(3)掺防冻剂的混凝土在强度未满足规定的受冻临界强度之前应每隔2小时测量一次,达到受冻临界强度以后每隔6小时测量一次。

(3)测温时,测温仪表应采取同外界气温隔离措施,并留置在测温孔内不少于3分钟。测温孔应设在有代表性的结构部位及温度变化大易冷却的部位,孔深宜为10 ~ 15 cm,也可为板厚的1/2。

(4)模板和保温层在混凝土达到要求强度并且冷却到5 ℃后方可拆除。拆模时混凝土温度与环境温度差大于20 ℃时,拆模之后的混凝土表面应及时覆盖,使其缓慢冷却。

4.2　现浇墙、柱混凝土结构

第82讲　施工准备

(1)技术准备。

①图纸会审已经完成。

②在施工前已编制详细的施工组织设计或施工方案并且已审批。

③在施工前已做好施工技术交底工作,交底时依据工程实际并结合具体操作部位,阐明技术规范和标准的规定,明确对关键部位的质量要求、操作要点及注意事项,其中应主要包括:原材料质量标准及验收规定;操作技术标准,施工工艺;施工质量对工程进度的影响与关系,以及质量标准和工程验收的规定;安全和环保措施等。

④现浇搅拌混凝土应有试验资质的试验室提供的混凝土配合比,并依据现场材料的含水率调整混凝土施工配合比。商品混凝土应有出厂合格证。

⑤确定混凝土的搅拌能力是否符合连续浇筑的要求。

⑥施工前作好试块的留置计划及制作准备工作。

⑦混凝土施工时应有开盘鉴定及混凝土浇筑申请书。

⑧钢筋、预埋件及预留洞口已经作好隐蔽验收工作,并且有完备的签字手续。

⑨标高、轴线以及模板等已进行技术复核。

⑩确定浇筑混凝土所需的各种材料、机具以及劳动力需用量。

⑪确定浇筑混凝土所需的水和电满足施工需要。

(2)材料要求。

①品种规格。

a. 水泥:普通混凝土应根据工程设计的要求,施工工艺的需要选用适当品种及强度等级的水泥,普通混凝土宜按《通用硅酸盐水泥》(GB 175-2007/XG2-2015)标准的规定选用。水泥的主要技术指标应符合标准的规定,强度见表4.32。

表4.32　各龄期强度最低值　　　　　　　　　　　单位:MPa

品种	强度等级/MPa	抗压强度/(N·mm⁻²)		抗折强度/(N·mm⁻²)	
		3 天	28 天	3 天	28 天
硅酸盐水泥	42.5	17.0	42.5	3.5	6.5
	42.5R	22.0	42.5	4.0	6.5
	52.5	23.0	52.5	4.0	7.0
	52.5R	27.0	52.5	5.0	7.0
	62.5	28.0	62.5	5.0	8.0
	62.5R	32.0	62.5	5.5	8.0
普通硅酸盐水泥 复合硅酸盐水泥	32.5	11.0	32.5	2.5	5.5
	32.5R	16.0	32.5	3.5	5.5
	42.5	16.0	42.5	3.5	6.5
	42.5R	21.0	42.5	4.0	6.5
	52.5	22.0	52.5	4.0	7.0
	52.5R	26.0	52.5	5.0	7.0
矿渣硅酸盐水泥 火山灰质硅 酸盐水泥 粉煤灰硅酸盐水泥	32.5	10.0	32.5	2.5	5.5
	32.5R	15.0	32.5	3.5	5.5
	42.5	15.0	42.5	3.5	6.5
	42.5R	19.0	42.5	4.0	6.5
	52.5	21.0	52.5	4.0	7.0
	52.5R	23.0	52.5	5.0	7.0

b. 细骨料(砂):宜用粗砂或中砂。

c. 粗骨料(石子):宜用中碎(卵)石,粒径5~40 mm;或细碎(卵)石,粒径5~20 mm。

d. 搅拌用水:拌制混凝土宜采用饮用水,当采用地表水、地下水以及经过处理的工业废水、或其他水源时,应进行水质检验,水质应符合《混凝土拌合用标准》(JGJ 63—2006)的规定;海水可用于无饰面要求的素混凝土,但不得用于拌制钢筋混凝土和预应力混凝土。

e. 掺合料:使用较多的是粉煤灰,其次是硅灰和磨细矿渣粉,其掺量通过试验确定,其质量应符合有关标准要求。

f. 外加剂:在混凝土施工中根据混凝土的性能要求、施工工艺及气候条件,结合混凝土原材料性能、配合比以及对水泥的适应性能等因素,一般采用减水剂、早强剂、引气剂、缓凝剂、防冻剂、膨胀剂等,外加剂的质量应符合有关标准的规定,其掺量及品种经试验确定后,方可使用。

②质量要求。

a. 水泥:水泥进场时应对其品种、级别、包装或散装仓号、出厂日期等进行检查,并应对其强度、安定性及其他必要的性能指标进行复验,其质量必须符合《通用硅酸盐水泥》(GB 175-2007/XG2—2015)等标准的规定。

当在使用中对水泥质量有怀疑或水泥出厂超过3个月(快硬硅酸盐水泥超过1个月)

时,应进行复验,并按复验结果使用。

　　钢筋混凝土结构、预应力混凝土结构中,严禁使用含氯化物的水泥。

　　检查数量:按同一生产厂家、同一等级、同一品种、同一批号且连续进场的水泥,袋装不超过 200 t 为一批,散装不超过 500 t 为一批,每批抽样不少于 1 次。

　　检验方法:检查产品合格证、出厂检验报告和进场复验报告。

　　b. 细骨料(砂):配制混凝土宜优先选用Ⅱ区砂;当采用Ⅰ区砂时,应提高砂率,并保证足够的水泥用量,以满足混凝土的和易性;当采用Ⅲ区砂时,宜适当降低砂率,以保证混凝土强度。对于泵送混凝土用砂,宜选用中砂。砂的颗粒级配应处于表 4.33 中的任何一个区以内。混凝土强度等级低于 C30 时,含泥量(按重量计)不大于 5.0%,泥块含量不大于 2.0%;混凝土强度等级高于 C30 时,含泥量(按重量计)不大于 3.0%,泥块含量不大于 2.0%。

表 4.33　砂的颗粒级配

级配区 筛孔尺寸/mm 累计筛余/%	Ⅰ区	Ⅱ区	Ⅲ区
10.0	0	0	0
5.00	10 ~ 0	10 ~ 0	10 ~ 0
2.50	35 ~ 5	25 ~ 0	15 ~ 0
1.25	65 ~ 35	50 ~ 10	25 ~ 0
0.630	85 ~ 71	70 ~ 41	40 ~ 16
0.315	95 ~ 80	92 ~ 70	85 ~ 55
0.160	100 ~ 90	100 ~ 90	100 ~ 90

　　检查数量:按进场的批次和产品的抽样检验方案确定。

　　检验方法:检验进场复合报告。

　　c. 粗骨料(石子):其针、片状颗粒含量应≤15%;压碎指标应≤10%;混凝土强度等级低于 C30 时,含泥量(按重量计)不大于 2.0%,泥块含量不大于 0.7%;混凝土强度等级高于 C30 时,含泥量(按重量计)不大于 1.0%,泥块含量不大于 0.5%。石子的颗粒级配应符合表 4.34 中规定。

表 4.34　石子的颗粒级配

级配情况	公称粒级/mm	累计筛余按重量计/%								
		筛孔尺寸(圆孔筛)/mm								
		2.50	5	10	16	20	25	31.5	40	50
连续粒级	5 ~ 10	95 ~ 100	80 ~ 100	0 ~ 15	0	—	—	—	—	—
	5 ~ 16	95 ~ 100	90 ~ 100	30 ~ 60	0 ~ 10	0	—	—	—	—
	5 ~ 20	95 ~ 100	90 ~ 100	40 ~ 70	—	0 ~ 10	0	—	—	—
	5 ~ 25	95 ~ 100	90 ~ 100	—	30 ~ 70	—	0 ~ 5	0	—	—
	5 ~ 31.5	95 ~ 100	90 ~ 100	70 ~ 90	—	15 ~ 45	—	0 ~ 5	0	—

续表 4.34

级配情况	公称粒级 /mm	累计筛余按重量计/%								
		筛孔尺寸(圆孔筛)/mm								
		2.50	5	10	16	20	25	31.5	40	50
单粒级	10 ~ 20	—	95 ~ 100	85 ~ 100	—	0 ~ 15	0	—	—	—
	16 ~ 31.5	—	95 ~ 100	—	85 ~ 100	—	—	0 ~ 10	0	—
	20 ~ 40	—	—	95 ~ 100	—	80 ~ 100	—	—	0 ~ 10	0

混凝土用的粗骨料,其最大颗粒粒径不得超过构件截面最小尺寸的1/4,且不得超过钢筋最小净间距的3/4。

对混凝土实心板,骨料的最大粒径不宜超过板厚的1/3,且不得超过 40 mm。

检查数量:按进场的批次和产品的抽样检验方案确定。

检验方法:检查进场复验报告。

d. 搅拌用水:拌制混凝土宜采用饮用水;当采用其他水源时,水质应符合《混凝土拌合用水标准》(JGJ 63—2006)的规定。

检查数量:同一水源检查不应少于 1 次。

检验方法:检查水质试验报告。

e. 掺合料:混凝土中掺用矿物掺合料的质量应符合《用于水泥和混凝土中的粉煤灰》(GB 1596—2005)等标准的规定。

检查数量:按进场的批次和产品的抽样检验方案确定。

检验方法:检查出厂合格证和进场复验报告。

f. 外加剂:混凝土中掺用外加剂的质量及应用技术应符合《混凝土外加剂》(GB 8076—2008)、《混凝土外加剂应用技术规范》(GB 50119—2013)等标准和有关环境保护的规定。

钢筋混凝土结构中,当使用含氯化物的外加剂时,混凝土中氯化物的总含量应符合《混凝土质量控制标准》(GB 50164—2011)的规定。

不同品种的外加剂搭配使用可能会出现意料之外的副作用,未经试验验证,禁止随意搭配使用混凝土外加剂。

检查数量:外加剂按进场的批次和产品的抽样检验方案确定。以连续供应的 50 t 为一验收批作进场检验,不足 50 t 亦按一批计。进场检验包括匀质性与水泥适应性检验。

检验方法:检查产品合格证、出厂检验报告和进场复验报告。

(3)主要机具。

①机械设备。混凝土搅拌上料设备:混凝土搅拌机、抓斗、拉铲、皮带输送机、推土机、装载机、散装水泥储存罐、振动筛以及水泵等。

运输设备:自卸翻斗车、机动翻斗车、手推车、卷扬机、提升机、塔式起重机或混凝土搅拌运输车、混凝土输送泵和布料机、客货两用电梯或者龙门架(提升架)等。

混凝土振捣设备:插入式振动器。

②主要工具:磅秤、水箱、胶皮管、串筒、手推车、溜槽、混凝土吊斗、贮料斗、大小平锹、铁板、抹子、铁钎、铁插尺、12 ~ 15 英寸活扳手电工常规工具、机械常规工具、对讲机等。

③主要试验检测工具:混凝土坍落度筒、混凝土标准试模、振动台、靠尺、经纬仪、水准

仪、混凝土结构实体检验工具等。

（4）作业条件。

①进场所有的原材料经见证取样试验检查，并应满足配合比通知单所规定的要求。

②试验室下达混凝土配合比通知单，并依据现场实际使用材料和含水量及设计要求，经试验测定，把其转换为每盘实际使用的施工配合比，公布于搅拌配料地点的标牌上。

③新下达的混凝土配合比，应进行开盘鉴定。开盘鉴定的工作已进行并满足要求。

④混凝土搅拌机、振捣器、磅秤等机具已经检查、维修并满足要求。

⑤所有计量器具必须要有规定的有效期标识。

⑥混凝土分项工程施工前应对需进行隐蔽验收的项目组织验收，隐蔽验收各项记录及图示，必须有监理（建设）单、施工单位签字、盖章，并且有结论性意见。浇筑混凝土层段的模板、钢筋、预埋件及管线等全部安装完毕，并经检查核实其位置、数量及固定情况等满足设计要求，并办完隐（预）检手续。

⑦钢筋及预埋件的位置如有偏差应予纠正完毕，钢筋上的油污等杂物已清除干净。

⑧浇筑层剪力墙和柱根部松散混凝土已在支设模板前剔掉清净。检查模板下口、洞口以及角模处拼接是否严密，边角柱加固可靠与否，各种连接件是否牢固。检查并清理模板内残留杂物，用水冲净。浇筑混凝土用操作架及马道按要求搭设完毕，并且经检查验收合格。柱子模板的清扫口应在清除杂物及积水后封闭完成。

⑨管理人员向作业班组进行配合比、操作规程及安全技术交底。

⑩现场已准备充足的砂、石子、水泥、掺合料及外加剂等材料，能满足混凝土连续浇筑的要求。

⑪检查电源、线路，并且做好夜间施工照明的准备。

（5）关键要求。

①材料要求。

施工所用混凝土材料的主要技术指标是：强度和耐久性，在施工时必须保证。

施工时，严格控制原材料的质量，通过有资质的试验室控制混凝土配合比来确保混凝土强度，混凝土拌合物的基本性能可以用混凝土的和易性及稠度来测定。

②技术要求。

a.混凝土的搅拌质量控制及浇筑质量控制是控制的重点。

b.混凝土现场搅拌应当注意混凝土的原材料的计量、上料顺序、混凝土的拌合时间和混凝土水灰比和坍落度的控制。

c.混凝土浇筑应注意施工缝、后浇带的留设、处理以及方案的确定、审批。浇筑混凝土应按要求留置试件，并应采取技术措施确保混凝土结构的垂直度和轴线符合设计要求和规范规定。

③质量要求。

a.混凝土原材料的质量控制。

b.混凝土浇筑方式的选择和控制及混凝土的振捣质量。

④安全要求。

a.混凝土浇筑时应严格检查模板和支撑的稳固情况。

b.混凝土施工的全过程应确保机械设备的使用安全。

c.注意检查施工用电的安全。

⑤环境要求。

a.混凝土施工中应在现场搅拌设备的场地内设置沉淀池,控制污水的排放满足环保要求。

b.混凝土施工中应按文明施工要求覆盖现场砂、石等材料,避免粉尘对大气的污染。

c.混凝土施工作业层四周应设密目网防护,以使噪音对周围环境的影响减少,振捣混凝土应采取措施降低振捣工具产生的噪音污染。

第83讲　混凝土搅拌

(1)混凝土搅拌要求:

采用商品混凝土时应按要求提供混凝土配合比及合格证,作好混凝土的进场检验和试验工作,并且应每车测定混凝土的坍落度,作好记录。

采用现场搅拌混凝土时应符合下列规定:

①混凝土应按《普通混凝土配合比设计规程》(JGJT55—2011)和《混凝土强度检验评定标准》(GB/T 50107—2010)的有关规定,根据混凝土强度等级、耐久性以及工作性等要求进行配合比设计。混凝土施工之前应有相关资质的试验室出具的混凝土配合比通过单。

混凝土拌制前,应测定砂,石含水率并且依据测试结果调整材料用量,提出混凝土施工配合比。

②混凝土原材料每盘称量的允许偏差应符合相关的规定,并在每工作班对原材料的计量情况进行不少于1次的复称。

搅拌混凝土前使搅拌机加水空转数分钟,倒净积水,使搅拌筒充分润滑。搅拌第一盘时考虑到筒壁上的砂浆损失,石子用量应按照配合比规定减半,搅拌好的混凝土要做到基本卸尽。在将全部混凝土卸出之前不得再投入拌合料,更不得采取边出料边进料的做法。

③混凝土搅拌中严格控制水灰比和坍落度,没有经试验人员同意不得随意加减用水量。

④每台班开始前,对搅拌机和上料设备进行检查并试运转;对所用计量器具进行检查并定磅;校对施工配合比;对所用原材料的规格、产地、品种、牌号及质量进行检查,并与施工配合比进行核对;对砂、石的含水率进行检查,若有变化及时通知试验人员调整用水量。一切检查符合要求后,方可开盘拌制混凝土。

⑤配合比控制:混凝土搅拌之前,应将施工用混凝土强度等要求对应配合比进行挂牌明示,并对混凝土搅拌施工人员进行详细技术交底。

⑥计量:在计量工序中,各种组成材料计量均按质量计,其计量允许偏差应满足表4.35规定。计量秤需经省、市计量所检定,每12个月检定一次。

表4.35　计量允许偏差

材料品种	水泥、外掺料	粗细骨料	水、外加剂
每盘计量允许偏差,%	+2	+3	+2
累计计量允许偏差,%	+1	+2	+1

注:①累计计量允许误差,是指每一运输车中各盘混凝土的每种材料计量和的偏差。

②每一工作班正式称量前,应对计量设备进行零点校核。

操作人员应每周至少一次对计量秤的计量值进行复核。方法是通过理论输入的质量与实际称量值时行比较,偏差在允许范围内。

⑦装料顺序:现场拌制混凝土,通常是计量好的原材料先汇集上料斗中,经上料斗进入搅拌筒。水及液态外加剂经计量之后,在往搅拌筒中进料的同时,直接进入搅拌筒。每次加入的拌合料不得超过搅拌机进料容量的10%。为了使水泥黏着拌筒减少,加料顺序应为:

当无外加剂、混合料时,依次进入上料斗的顺序为石子→水泥→砂。

当掺混合料时,其顺序为石子→水泥→混合料→砂。

当掺干粉状外加剂时,其顺序为石子→外加剂→水泥→砂或顺序为石子→水泥→砂→外加剂。

⑧搅拌时间:混凝土搅拌的最短时间(秒)应符合表4.27的规定要求。

⑨每次上班拌制第一盘混凝土时,先加水使搅拌筒空转数分钟,搅拌筒被充分润湿之后,将剩余积水倒净。搅拌第一盘时,由于砂浆黏筒壁而损失,所以,石子的用量应按配合减半。从第二盘开始,按给定的配合比投料。

⑩出料时,先少许出料,目测拌合料的外观质量,若目测合格方可出料。每盘混凝土拌合物必须出尽。

(2)混凝土拌制的质量检查:

①检查拌制混凝土所用原材料的品种、规格以及用量,每一个工作班至少2次。

②检查混凝土的坍落度和和易性,每一工作班至少2次。混凝土拌合物应搅拌均匀、颜色一致,具有良好流动性、黏聚性以及保水性,不泌水、不离析。不符合要求时,应查找原因,及时调整。

③在每一工作班内,当混凝土配合比因为外界影响有变动时(如下雨或原材料有变化),应及时检查。混凝土的搅拌时间应随时检查。

④首次使用的混凝土配合比或者当日重新启用配合比应进行开盘鉴定,其工作性应满足设计配合比的要求。先搅拌一盘混凝土,如果验证符合要求,则继续搅拌;如果不符合要求,则立即进行调整,直至符合要求为止。在条件许可时,操作工应记录合格混凝土所需的目测坍落度值及搅拌电流差值。在搅拌过程中操作工应逐盘目测混凝土坍落度值,依据搅拌机电流差值及目测检验控制坍落度。基于砂及石含水率有波动,允许操作工在3 kg用水量范围内调整坍落度,超出允许范围应立即通过试验员进行处理。开始生产时应要至少留置一组标准养护的试件,供验证配合比用。

(3)冬期施工混凝土的搅拌:

①当室外日平均气温连续5天稳定低于5 ℃时,混凝土拌制应采取冬期施工措施,并应及时采取气温突然下降的防冻措施。配制冬期施工的混凝土,应优先使用硅酸盐水泥或者普通硅酸盐水泥,水泥强度等级不应低于32.5,最小水泥用量不宜少于300 kg/m³(含掺合料),而水灰比不应大于0.6。

②冬期施工宜使用无氯化盐类防冻剂,对于抗冻性要求高的混凝土宜使用引气剂或引气减水剂。掺用防冻剂,掺量应严格控制,并严格执行有关掺用防冻剂的规定。

③混凝土所用骨料必须清洁,冰、雪等冻结物及易冻裂的矿物质不得含有。

④冬期拌制混凝土应优先采用加热水的方法。水和骨料的加热温度应根据施工计算确定,但不得超过表4.28的规定。

⑤不得直接加热水泥,并宜在使用前运入暖棚内存放。

当骨料不加热时,水可加热到100 ℃,但是水泥不应与80 ℃以上的水直接接触。投料顺序为先投入骨料和已加热的水,之后再投入水泥。混凝土拌制前,应用热水或蒸汽冲洗搅拌机,拌制时间应取常温的1.5倍。混凝土拌合物的出机温度不宜低于10 ℃,而入模温度不得低于5 ℃。冬期混凝土拌制的质量检查除遵守规范的规定外,尚应进行下列检查:

检查外加剂的掺量;测量混凝土自搅拌机中卸出时的温度和浇筑时的温度;测量水和外加剂溶液以及骨料的加热温度和加入搅拌机的温度。上述检查每一工作班至少应测量检查4次。

⑥混凝土试块的留置除应满足一般规定外,尚应增设不少于两组,与结构同条件养护的试件,用于检验受冻前的混凝土强度。

第84讲 混凝土运输

混凝土自搅拌机中卸出之后,应及时送到浇筑地点。在运输过程中,严格控制混凝土的运输时间(指混凝土由搅拌机中卸出至浇筑完毕的时间),并符合表4.29的要求,混凝土运输过程中要防止混凝土离析和产生初凝等现象。如混凝土运到浇筑地点有离析现象时,在浇筑之前必须进行二次拌合。

运输容器必须严密,严防漏浆或者吸水,产生混凝土坍落度变化,并应及时清理混凝土运输容器,避免混凝土的残渣和硬块混入混凝土拌合物中。

泵送混凝土时必须确保混凝土泵连接工作,如果发生故障,停歇时间超过45分钟或混凝土出现离析现象,应立即用压力水或者其他方法冲洗管内残留的混凝土。

第85讲 混凝土浇筑与振捣

(1)混凝土浇筑与振捣。

①混凝土浇筑时的坍落度必须满足《混凝土结构工程施工质量验收规范》(GB 50204—2015)标准的规定要求。其坍落度的测定方法应符合《普通混凝土拌合物性能试验方法标准》(GB/T50080—2002)技术标准的规定。施工中的坍落度应按照混凝土实验室配合比进行测定和控制,并填写混凝土坍落度测试记录。

②墙、柱混凝土浇筑之前底部应先填以50~100 mm厚与混凝土配合比相同的减石子水泥砂浆。

③混凝土自吊斗口下落的自由倾落高度不得大于2 m,浇筑高度和超过3 m时必须采取措施,可串桶、溜管、振动溜管使混凝土下落,或在柱及墙体模板上留设浇捣孔等。浇筑混凝土时应分段分层连续进行,浇筑层高度应根据结构特点、钢筋疏密决定,通常为振捣器作用部分长度的1.25倍,最大不大于500 mm。

④使用插入式振捣器应快插慢拔,插点要均匀排列,逐点移动,顺序进行,并且不得遗漏,做到均匀振实。移动间距不大于振捣作用的1.25倍(通常为300~400 mm)。振捣上一层时应插入下层50~100 mm,以使上下两层间的接缝消除。

⑤浇筑混凝土应连续进行,若必须间歇,则其间歇时间应尽量缩短,并应在前层混凝土凝结之前,将次层混凝土浇筑完毕。间歇的最长时间应按所用水泥品种、气温以及混凝土凝结条件确定,一般超过2小时应按施工缝处理。混凝土运输、浇筑以及间歇的全部时间不得超过表4.36的规定,当超过规定时间应留置施工缝。

表 4.36　混凝土运输、浇筑和间歇的允许时间　　　　　　　单位:min

混凝土强度等级	气　温	
	低于 25 ℃	高于 25 ℃
≤C30	210	180
>C30	180	150

注:当混凝土中掺加促凝剂和缓凝剂时,其允许时间应根据试验结果确定。

⑥浇筑混凝土时应经常观察模板、钢筋、预留孔洞、预埋件以及插筋等有无移动、变形或堵塞情况,发现问题应立即处理,并且应在已浇筑的混凝土凝结前修整好。

⑦在已浇筑的混凝土强度未达到 1.2 N/ mm² 以前,不得在其上踩踏或者安装模板及支架。

(2)柱的混凝土浇筑。

①柱混凝土应分层振捣,使用插入式振捣器的每层厚度不超过 500 mm,并边投料边振捣(可先将振动棒入柱底部,使振动棒产生振动,再投入混凝土),振捣棒不得触动钢筋及预埋件。除上面振捣外,下面要有人随时敲打模板。应注意保护在浇筑柱混凝土的全过程中钢筋的位置,要随时检查模板是否变形、位移、螺栓以及拉杆是否有松动、脱落、漏浆等现象,并应有专人进行管理。

②柱高在 3 m 之内,可以在柱顶直接下料进行浇筑,超过 3 m 时,可在模板侧面开门子洞安装斜溜模分段浇筑,每段高度不得高于 2 m,每段混凝土浇筑后将门子洞模板封闭严实,并用箍筋牢。

③柱子混凝土应一次浇筑完毕,若需留施工缝应留在基础的顶面、立梁下面,无梁楼盖应留在柱帽下面。施工缝留置应在施工组织设计、施工方案、或者施工技术措施中明确。在与梁板整体浇筑时,应在柱浇筑完毕之后停歇 1~1.5 小时,使其获得初步沉实后,再继续浇筑。

④浇筑完后,应随时将伸出的搭接钢筋整理到位。

(3)剪力墙混凝土浇筑。

①在墙体浇筑混凝土时应用铁锹或混凝土输送泵管均匀入模,不应用吊斗直接灌入模内。每层混凝土的浇筑厚度控制在 500 mm 左右进行分层浇筑及振捣。混凝土下料点应分散布置。墙体连续进行浇筑,间隔时间不长于 2 小时,墙体混凝土的施工缝宜设在门洞过梁跨中 1/3 区段。当采用大模板时宜留在纵横墙的交界处,墙应留垂直缝。接槎处应振捣密实。在浇筑时随时清理落地灰。

墙、柱连成一体的混凝土浇筑时,若墙、柱的混凝土强度等级相同,可同时浇筑;若墙、柱混凝土强度不同,则宜采用先浇高强度等级混凝土柱,后浇低强度等级剪力墙混凝土,保持柱高 0.5 m 混凝土交差上升,到剪力墙浇最上部时和柱浇齐的浇筑方法,始终满足高强度等级柱混凝土侵入低强度等级剪力墙混凝土±0.5 m 的要求。

②墙体上的门窗洞口浇筑混凝土时,宜由两侧同时投料浇筑和振捣,使洞口两侧浇筑混凝土高度对称均匀,一次浇筑高度不宜太大,以防止洞口处模板产生位移。所以必须预先安排好混凝土下料点位置和振捣器操作人员数量及振捣器的数量,使其符合使用要求,以防止洞口变形。混凝土的浇筑次序是先浇筑窗台以下部位的混凝土,后浇筑窗间墙混凝土,长度比较大的洞口下部模板应开口,并补充混凝土及振捣,以避免窗台下面混凝土出现蜂窝空洞

现象。

③作业时振动棒插入混凝土中的深度不应大于棒长的2/3～3/4,振动棒各插点间距应均匀,插点间距不应超过振动棒有效作用半径的1.25倍,并且小于500 mm。振捣时要做到"快插慢拔"。快插是为了避免将表面混凝土先振实,与下层混凝土发生分层、离析现象。慢拔是为了使混凝土能来得和填满振动棒抽出时所形成的孔洞。每插点的延续时间以表面呈现浮浆为度(20～30秒),见到混凝土不再显著下沉,不出现气泡,表面泛出水泥浆及外观均匀为止。由于振动棒下部振幅要比上部大,所以在振捣时应将振动棒上下抽动50～100 mm,使混凝土振实均匀。为使上下层混凝土结合成整体,振捣器应插入下层混凝土50～100 mm。振捣时注意钢筋密集及洞口部位,为避免出现漏振,以表面呈现浮浆和不再明显沉落为达到要求,避免碰撞钢筋、模板、预埋件、预埋管以及外墙板空腔防水构造等。发现有变形、移位,各有关工种互相配合进行处理。

④混凝土浇筑振捣完毕,将墙上口甩出的钢筋加以整理,以木抹子按预定标高线,将墙口表面找平。

第86讲　墙、柱混凝土拆模

常温大墙、柱混凝强度大于1 MPa,在冬期时掺防冻剂混凝土强度达到4 MPa,方可拆模。拆除模板时先拆一个柱或一面墙,观察混凝土不掉角、不黏模、不坍落,即可大面积拆模,拆模后及时修整墙面及边角。

第87讲　混凝土养护

常温养护时应在混凝土浇筑完毕之后12小时以内加以覆盖和浇水,浇水次数应能保持混凝土有足够的润湿状态,对采用硅酸盐水泥、普通硅酸盐水泥或者矿渣硅酸盐水泥拌制的混凝土,不得少于7天;对于掺用缓凝型外加剂或有抗渗要求的混凝土,不得少于14天;当采用其他品种水泥时,混凝土的养护应依据所采用水泥的技术性能确实;在温度低于5 ℃时,不得浇水养护混凝土,应采取加热保温养护或者延长混凝养护时间。

第88讲　冬期施工

(1)混凝土冬期施工措施。冬期浇筑混凝土时,常用的方法有冷混凝土法、综合蓄热法以及外部加热法。冷混凝土法是促使混凝土早强,使混凝土冰点降低。主要通过改善混凝土配合比和掺加混凝土外加剂,掺量应经试验确定。外加剂的选用应满足环境保护要求。

冬期配制混凝土时,应优先采用加热水的方法,水和骨料的加热温度应根据热工计算确定,但不得超过表4.28的规定。水泥不得直接加热,宜在使用之前运送到暖棚内存放。

冬期施工混凝土在浇筑之前,应清除干净模板和钢筋上的冰雪及污垢。运输和浇筑混凝土的容器应具有保温措施。混凝土在运输、浇筑过程中的温度,应符合《混凝土结构工程施工质量验收规范》(GB 50204—2015)热工计算的要求,当与要求不符时应采取措施进行调整。

采用加热养护时,混凝土养护之前的温度不得低于2 ℃。对加热养护的现浇混凝土结构,混凝土的浇注顺序和施工缝的位置,应能避免在加热时产生较大的温度应力,当加热温度在40 ℃以上时,应征得设计单位的同意。

冬期施工的模板和混凝土表面应用塑料薄膜和草袋等保温材料覆盖保温,不得浇水养护。对掺加防冻剂的混凝土养护时,在 0 ℃以下时禁止浇水,外表面必须覆盖。同时混凝土的初期养护温度不得比防冻剂的规定温度低,达不到规定温度时,应立即采取保温措施。采用防冻剂的混凝土,当温度降低至防冻剂的规定温度以下时,其强度不应不小于 4 N/ mm^2。

冬期施工的混凝土拆模之后混凝土的表面温度与环境温度差大于 15 ℃时,应对混凝土采用保温材料覆盖养护。

(2)冬期施工混凝土的质量检查:

①检查外加剂的掺量;测量水和外加剂溶液及集料的加热温度和加入搅拌时温度;测量混凝土自搅拌机中卸出时与浇筑时的温度。每一个工作班应测量检查 4 次。

②养护温度的测量:对掺用防冻剂的混凝土,在强度未达到 4 N/ mm^2 以前每 2 小时测量 1 次,以后每 6 小时测量 1 次;当采用蒸汽法或电流加热法时,在升温、降温期间每 1 小时测量 1 次,在恒温期间每 2 小时测量 1 次;当采用蓄热法养护时,在养护期间至少每 6 小时测量 1 次;同时室外气温和周围环境温度在每昼夜内至少应定点测量 4 次。

③养护温度的测量方法:全部测温孔均应编号,并且绘制温孔布置图;测量混凝土温度时,测温表应采取措施与外界气温隔离,测温表留置在测温孔内的时间应小于 3 分钟;测温孔的设置,在采用蓄热法养护时,应在易于散热的部位设置,当采用加热养护时,应在离热源不同的位置分别设置,大体积结构应在表面和内部分别设置。

④冬期施工混凝土试件的留置应满足《混凝土结构工程施工质量验收规范》(GB 50204—2015)要求外,尚应增设不少于 2 组与结构同条件养护的试件,用于检验受冻之前混凝土强度。与结构同条件养护的试件,解冻之后方可试压。

第 89 讲　混凝土试块留置

(1)每拌制 100 盘且不大于 100 m^3 的同配合比的混凝土,其取样不少于 1 次。

(2)现浇结构每一现浇楼层同配合比的混凝土,其取样不少于 1 次;而同一单位工程每一验收项目中同配合比的混凝土,其取样不得少于 1 次。

(3)每次取样至少留置一组标准试块。对于涉及混凝土结构安全的重要部位(通常指梁、板、墙、柱等结构构件),应与监理(建设)单位及施工单位共同确定留置结构实体检验用同条件养护试件,通常每一个工程同一强度等级的混凝土,在留置结构实体检验用同条件养护试件时,应根据混凝土量和结构重要性确定留置数量,通常不宜少于 10 组,且不应少于 3 组。

(4)每工作班拌制的冬期混凝土试块除正常规定组数留置之外,还应增做不少于两组与结构同条件养护试块,用于检验受冻之前的强度。

同条件养护试块留置组数根据下列用途确定,每种功能的试块不少于 1 组:用于检测拆模时的混凝土强度;用于检测等效混凝土强度;用于检测预应力张拉时的混凝土强度等。

4.3　底板大体积混凝土

第90讲　施工准备

（1）施工准备。

①熟悉图纸，与设计沟通。

a. 了解混凝土的类型、强度、抗渗等级以及允许利用后期强度的龄期。

b. 了解底板的平面尺寸，各部位厚度、设计预留的结构缝和后浇带或加强带的位置、构造以及技术要求。

c. 了解消除或减少混凝土变形外约束所采取的措施及超长结构一次施工或分块施工所采取的措施。

d. 了解使用条件对混凝土结构的特殊要求及采取的措施。

e. 在可能的情况之下，争取降低大体积混凝土的设计强度等级。

②依据施工合同和施工条件，与建设及监理沟通：

a. 采用预拌混凝土施工在交通管制方面提供连续施工可能性时，才能符合大量一次浇筑的要求。否则，则宜分块施工。

b. 采用现场搅拌混凝土时，建设单位应提供足够的施工场地以达到设置混凝土搅拌站和料场的需要，同时尚应提供足够的能源或者配备发电设备设施。

c. 施工单位为确保工程质量建设采取的技术措施应报告监理，并通过监理取得设计和建设单位的同意。

③混凝土配合比的设计需提供的条件主要包括混凝土的类型、指定龄期混凝土的强度、抗渗等级、混凝土场内外输送方式与耗时、施工期平均气温、混凝土的浇筑坍落度、混凝土的入模温度及其他要求。委托单位尚应提供混凝土试配所需材料。

混凝土配合比设计除必须满足以上条件外应尽可能降低混凝土的干缩与温差收缩。

a. 混凝土配合比试验报告需提供混凝土的初、终凝时间，附按预定程序施工的坍落度损失和坍落度现场调整方法，普通混凝土7天、28天的实测收缩率，所选用外加剂的种类和技术要求。

b. 对补偿收缩混凝土尚应按照《混凝土外加剂应用技术规范》（GBJ119—2003）的试验方法提供试验室的，试块于水中养护14天的限制膨胀率，该值应大于0.05%（结构厚度在1m以下）或0.02%（结构厚度在1m以上）；通常底板混凝土的限制膨胀率以0.02%~0.025%，加强带、后浇带以0.035%~0.045%为宜；6个月混凝土干缩率不大于0.045%。

c. 混凝土的试配强度以依后期强度换算的28天强度为准。对补偿收缩混凝土，如果以7天强度推算换算的28天强度则应以限制膨胀试块的7天强度作为依据。

④混凝土配合比设计的基本要求：

a. 混凝土配合比按设计抗渗水压加0.2MPa控制，其储备不可过高。

b. 在确保混凝土强度和抗渗性能的条件下应尽可能填加掺合料，粉煤灰应不低于二级，其掺量不宜大于20%，硅粉掺量不应大于3%。当有充分根据时掺合料的掺量可以适当调高。

c. 送至现场混凝土的坍落度:泵送宜为 80~140 mm,其他方式输送宜为 60~120 mm,坍落度允许偏差±15 mm,送至现场前坍落度损失不应大于 30 mm/h,总损失不应大于 60 mm。

d. 混凝土最小水泥用量不低于 300 kg/m³,掺活性粉料或者用于补偿收缩混凝土的水泥用量不少于 280 kg/m³。

e. 根据水泥品种,施工条件及结构使用条件选择化学外加剂。

f. 水灰比宜控制在 0.45~0.5,最高不大于 0.55;用水量宜在 170 kg/m³ 左右;用于补偿收缩混凝土用水量在 180 kg/m³ 左右。

g. 粗骨料适宜含量≤C30 为 1 150~1 200 kg/m³;>C35 为 1 050~1 150 kg/m³。

h. 砂率宜控制在 35%~45%,灰砂比宜为 1:2~1:2.5。

i. 限制混凝土中总含碱量在使用碱活性骨料时在 3 kg/m³ 以下。

j. 混凝土中氯离子总含量不得超过水泥用量的 0.3%,当结构使用年限为 100 年时为 0.06%。

k. 混凝土的初凝应控制在 6~8 小时之间,混凝土终凝时间应于初凝后 2~3 小时。

l. 缓凝剂用量不可过高,特别是在补偿混凝土中应严格限量以防减少膨胀率。

m. 膨胀剂取代水泥量应按结构设计及施工设计所要求的限制膨胀率及产品说明书并经试验确定;其取代水泥量必须充足以符合膨胀率的要求。

⑤混凝土配合比设计应遵循《普通混凝土配合比设计规程》(JGJ55—2011)、《混凝土质量控制标准》(GB50164—2011)、《混凝土强度检验评定标准》(GBJ107—2010)、《粉煤灰混凝土应用技术规程》(GBJ146—2014)、《混凝土外加剂应用技术规范》(GB50119—2013)的技术规定。

⑥施工方案内容。

a. 工程概况:建筑结构和大体积混凝土的特点——平面尺寸与划分、底板厚度、强度以及抗渗等级等。

b. 温度与应力计算:大体积混凝土施工必须进行混凝土绝热温升及外约束条件下的综合温差与应力计算;对混凝土入模温度及原材料温度调整,保温隔热与养护,温度测量;温度控制、降温速率提出明确要求。

c. 原材料选择:配合比设计与试配。

d. 混凝土的供应搅拌:运输与浇筑。

e. 保证质量、安全、消防以及环保等措施。

⑦混凝土供应:

a. 大体积混凝土必须于设施完善严格管理的强制式搅拌站拌制。

b. 预拌混凝土搅拌站,必须具有相应资质,并且应选择备用搅拌站。

c. 对预拌混凝土搅拌站所使用的膨胀剂,施工单位或者工程监理应派驻专人监督其质量、数量和投料计量;最后复核掺入量应满足要求。

d. 混凝土浇筑温度宜控制在 25 ℃以内,根据运输情况计算混凝土的出厂温度和对原材料的温度要求。

e. 原材料温度调整方案的选择:当气温低于 5 ℃时应采用加热法升温,当气温高于 30 ℃时应采用冷却法降温。

f. 原材料降温应依次选用:

水:加冰屑降温或者用制冷机提供低温水;

骨料:料场搭棚防烈日暴晒,或者水淋或浸水降温;

水泥和掺合料:贮罐设隔热罩或淋水降温,袋装粉料提前存放于通风库房内降温。

g. 罐车:盛夏施工应淋水降温,低温施工应加保温罩。

h. 混凝土输送车辆计算:

$$n = (Q_m/60V)(60l/S+T)\tag{4.3}$$

式中　n——混凝土罐车台数;

Q_m——罐车计划每小时输送量 $Q_m = Q_{max}\eta (m^3/h)$,其中 Q_{max} 为罐车额定输送量(m^3/h);η 为混凝土泵的效率系数,底板取 0.43;

V——罐车额定容量(m^3);

l——罐车往返一次行程(km);

S——平均车速(一般为 30 km/h);

T——一个运行周期总停歇时间(min),该值包括装卸料、停歇、冲洗等耗时。

⑧底板混凝土施工的流水作业:

a. 底板分块施工时,每段工程量按可确保连续施工的混凝土供应能力和预期工期确定。

b. 流水段划分应体现均衡施工的原则。

c. 流水段的划分应同设计的结构缝和后浇带相一致,非必要时不再增加施工缝。

d. 施工流水段长度不宜大于40 m,采用补偿收缩混凝土不宜超过60 m,混凝土宜跳仓浇筑。

e. 若取得设计单位同意,宜以加强带取代后浇带,加强间距 30~40 m,加强带的宽度宜为 2~3 m。

f. 超过、超宽一次浇筑混凝土可以分条划分区域,各区同向同时相互搭接连续施工。

g. 采用补偿收缩混凝土无缝施工的超长底板,每隔60 m应设加强带一道。

h. 加强带衔接面两侧先后浇筑混凝土的间隔时间不应超过2小时。

⑨混凝土的场内运输和布料:

a. 预拌混凝土的卸料点到浇筑处;现场搅拌站自搅拌机至浇筑处均应使用混凝土地泵输送混凝土和布料。

b. 混凝土泵的位置应与浇筑地点邻近且便于罐车行走、错车、喂料和退管施工。

c. 混凝土泵管配置应最短,并且少设弯头,混凝土出口端应装饰布料软管。

d. 施工方案应绘制泵及泵管布置图和泵管支架构造图。

e. 混凝土泵的需要数量与造型应通过计算确定:

$$N = Q_h/Q_{max}\eta\tag{4.4}$$

式中　N——混凝土泵台数;

Q_h——每小时计划混凝土浇筑量(m^3/h);

Q_{max}——所选泵的额定输送量(m^3/h);

η——混凝土泵的效率系数,底板取 0.43。

f. 沿基坑周边的底板浇筑可以辅以溜槽输送混凝土,溜槽需设受料台(斗),溜槽与边坡处垂线夹角不宜小于45°。

g. 底板周边的混凝土也可以使用汽车泵布料。

⑩混凝土的浇筑：

a.底板混凝土的浇筑方法。

厚1.0 m以内的底板宜采用平推浇筑法，同一坡度，薄层循序推进依次浇筑至顶。

厚1.0 m以上底板宜分层浇筑，在每一浇筑层采用推浇筑法。

厚度大于2 m时应考虑留置水平施工缝，间断施工。

b.若有可能时应避开高温时间浇筑混凝土。

⑪混凝土硬化期的温度控制：

a.温控方案选择：

当气温高于30 ℃以上可采用预埋冷水管降温法；或者蓄水法施工；

若气温低于30 ℃以下常温应优先选用保温法施工；

若气温低于−15 ℃时应采取特殊温控法施工。

b.蓄水养护应进行周边围挡与分隔，并且设供排水和水温调节装备。

c.必要时可以采用混凝土内埋管冷水降温与蓄热结合或与蓄水结合的养护法。

d.大体积混凝土的保温养护方案应详示结构底板上表面和侧模的保温方式，材料，构造以及厚度。

e.在烈日下施工应采取防晒措施；深基坑空气流通不良环境宜采取送风措施。

f.玻璃温度计测温：每个测温点位由不少于三根间距各为100 mm呈三角形布置，分别在距混凝土板底200 mm，板中间距500～1 000 mm和距混凝土表面100 mm处的测温管。测温点位间距不大于6 m，测温管可以使用水管或铁皮卷焊管，下端封闭，上端开口，管口高于保温层50～100 mm。

g.电子测温仪测温：建议使用用途广、精度高、直观、操作简单以及便于携带的半导体传感器，建筑电子测温仪测温。

每一测温点位传感器由距离板底200 mm、板中间距500～1 000 mm以及距板表面50 mm各测温点构成。各传感器分别附着在φ16圆钢支架上。各测温点位间距不大于6 m。

h.不宜采用热电阻温度计测量，也不推荐热电偶测温。

（2）材料要求。

①水泥：

a.应优先选用铝酸三钙含量较低，水化游离氯化钙、氧化镁以及二氧化硫尽可能低的低收缩水泥。

b.应优先选用低、中热水泥；尽可能不使用高强度高细度的水泥。通过后期强度的混凝土，不得使用低热微膨胀水泥。

c.对于不同品种水泥用量及总的水化热应进行估算；当矿渣水泥或其他低热水泥与普通硅酸盐水泥掺入粉煤灰后的水化热总值差异较大时应选用矿渣水泥；没有大差异时，则应选用普通硅酸盐水泥而不采用于缩较大的矿渣水泥。

d.不准使用早强水泥及含有氯化物的水泥。

e.非盛夏施工应优先选用普通硅酸盐水泥。

f.补偿收缩混凝土加硫铝酸钙类（明矾石膨胀剂除外）膨胀剂时应选用硅酸盐或者普通硅酸盐水泥；其他类水泥应利用试验确定。明矾石膨胀剂可用于普通硅酸盐或矿渣水泥，其他类水泥也需试验。

g. 水泥的含碱量(Na_2O+K_2O)应小于0.6%,尽可能采用含碱量不大于0.4%的水泥。

h. 当混凝土受侵蚀性介质作用时应使用适当介质性质的水泥。

i. 进场水泥和出厂时间大于3个月或怀疑变质的水泥应作复试检验并合格。

j. 用于大体积混凝土的水泥应进行水化热检验,并且其7天水化热不宜大于250 kj/kg·k。当混凝土中掺有活性粉料或膨胀剂时,应按照相应比例测定7天、28天的综合水泥热值。

k. 使用的水泥应符合《通用硅酸盐水泥》(GB 175—2007)要求。其他水泥的性能指标必须符合有关标准。

l. 水化热测定标准为《水化热试验方法(直接法)》(GB 12959—2008)。

②粗骨料。

a. 应选用结构致密强度高不含活性二氧化硅的骨料;石子不宜选用砂岩,不得含有蛋白石凝灰岩等遇水明显降低强度的石子。其压碎指标应低于16%。

b. 粗骨料应尽可能选择粒径,但最大不得大于钢筋净距的3/4;当使用泵送混凝土时应符合表4.37要求。

表4.37　混凝土泵允许骨料粒径

混凝土管直径/mm	最大粒径/mm	
	卵石	碎石
125	40	30
150	50	40
180	70	60
200	80	70
280	100	100

c. 石子粒径:C30以下可选5~40 mm的卵石,尽可能选用碎石;C30~C50可选5~31.5 mm碎石或碎卵石。

d. 石子连续级配,以5~10 mm含量稍低为佳,针、片状石子含量≤15%。

e. 含泥量不得大于1%,泥块含量不得大于0.25%。

f. 普通粗骨料应满足《普通混凝土使用碎石或卵石质量标准及检验方法》(JGJ 53—2006)要求;高炉矿渣碎石应满足《混凝土用高炉渣碎石技术条件》含粉量(粒径小于0.08 mm)不大于1.5%。

③细骨料。

a. 应优先选用中、粗砂,其粉粒含量通过筛孔0.315 mm不小于15%;对于泵送混凝土尚应通过0.16 mm筛孔量不小于5%为宜。

b. 不宜使用细砂。

c. 砂的含泥量应大于3%,泥块含量不大于0.5%。

d. 砂的SO_3含量应<1%。

e. 在使用海砂时,应测定其氯含量,氯离子总量(以干砂重量计)不应大于0.06%。

f. 使用天然砂或者岩石破碎筛分的产品均应符合《普通混凝土用砂质量标准及检验方法》(JGJ 52—2006)的规定。

④水。

a. 使用混凝土设备洗刷水拌制混凝土时只可以部分利用并应考虑该水所含水泥和外加剂对拌合物的影响,并且其中氯化物含量不得大于 1 200 mg/l,硫酸盐含量不得大于 2 700 mg/l。

b. 拌合用水应洁净,质量应满足《混凝土拌合用水标准》(JGJ 63—2006)的要求。

⑤掺合料。

a. 粉煤灰不应低 Ⅱ 级,以球状颗粒为佳;粉煤灰的 SO_3 含量不应大于 3%;粉煤灰应满足《用于水泥和混凝土中的粉煤灰》(GB 1596—2005)。

b. 如果使用其他种类掺合料应遵照相应标准规定。

c. 掺合料供应商提供掺合料水化热曲线。

⑥膨胀剂。

a. 地下工程允许使用硫铝酸钙类膨胀剂,而不允许使用氯化钙类膨胀剂。

b. 膨胀剂的含碱量不应大于 0.75%,使用明矾石膨胀剂应尤其严格控制。

c. 膨胀剂应选用一等品,膨胀剂供应商应当提供不同龄期膨胀率变化曲线。使用膨胀剂的混凝土试件在水中 14 天限制膨胀率不应小于 0.025%;28 天膨胀率应大于 14 天的膨胀率;空气中 28 天的变形以正值为佳。

d. 膨胀剂应符合《混凝土膨胀剂》(JC 476—2001)的要求。

⑦外加剂。

a. 大体积混凝土应选用收缩率尤其是早期收缩率低的外加剂,除膨胀剂以及减缩剂外,外加剂厂家应提供使用该外加剂的混凝土 1 天、3 天、7 天以及 28 天的收缩率试验报告,任何龄期混凝土的收缩率均不得大于基准混凝土的收缩率。

b. 外加剂必须同水泥的性质相适应。

c. 外加剂带入每立方米混凝土的碱量不得大于 1 kg。

d. 非早强型减水剂应按照标准严格控制硫酸钠含量;减水剂含固体量应≥30%;减水率应≥20%;坍落度损失应≤20 mm/h。

e. 泵送剂、缓凝减水剂应具有良好的减水、增塑、缓凝以及保水性,引气量宜介于 3% ~ 5%。对补偿收缩混凝土,使用缓凝剂必须经试验证明可以延缓初凝而无其他不良影响。

f. 外加剂氨的释放量不得超过 0.1%。

g. 外加剂应符合《混凝土外加剂》(GB 8076—2008)、《混凝土外加剂中释放氨的限量》(GB 18588—2001)标准规定。

(3)主要机具。

①机械设备、仪表。

现场搅拌站——成套强制式混凝土搅拌站,皮带机、装载机、水泵以及水箱等。

现场输送混凝土——泵车、混凝土泵及钢、软泵管。

混凝土浇筑——流动电箱、插入式振动器、平板式振动器、抹平机以及小型水泵等。

专用——发电机、空压机、制冷机、电子测温仪以及测温元件或温度计和测温埋管。

②工具。手推车、串筒、溜槽、吊斗、胶管、铁锹、钢钎、刮杠以及抹子等。

(4)作业条件。

①施工方案所确定的施工工艺流程,流水作业段的划分,浇筑程序及方法,混凝土运输与布料方式、方法以及质量标准,安全施工等已交底。

②施工道路,施工场地,水、电以及照明已布设。

③施工脚架、安全防护搭设完毕。

④输送泵和泵管已布设并完成试车。

⑤钢筋、模板、预埋件,沉降缝、伸缩缝、后浇带或加强带支挡,测温元件或测温埋管,标高线等已检验合格。

⑥模内清理干净,模板和垫层或防水保护层已喷水润湿并排除积水。

⑦保湿保温材料已备。

⑧工具备齐,振动器试运转合格。

⑨现场调整坍落度的外加剂或者水泥、砂等原材料已备齐、专业人员到位。

⑩防水混凝土的抗压及抗渗试模备齐。

⑪钢木侧模已涂隔离剂。

⑫现场搅拌混凝土的搅拌站已试车正常,材料备齐。

⑬指挥,联络,器具,已准备就绪。

⑭需持证上岗人员经培训,考核合格,证件完备。

⑮与社区、城管、交通以及环境监管部门协调并已办理必要的手续。

(5)关键要求。

①材料要求。

a.选用低热和低收缩水泥;

b.采用低强度等级水泥;

c.控制各种材料及外加剂的含碱量;

d.控制骨料含泥量。

②技术要求。

a.控制混凝土浇筑成型温度。

b.利用混凝土后期强度或者掺入掺合料降低水泥用量。

c.控制坍落度及坍落度损失满足泵送要求。

d.浇筑混凝土二次适时振捣、抹压消除混凝土早期塑性变形。

e.尽可能使脱模时间延长并及时保温湿、保温,加强温度监测。

③质量要求。

a.严格控制混凝土搅拌投料计量。

b.监督膨胀剂加入量。

c.控制混凝土的温差和降温速率。

第91讲　混凝土搅拌

(1)根据施工方案的规定对原材料进行温度调节。

(2)搅拌采用二次投料工艺,加料顺序为,先把水和水泥、掺合料、外加剂搅拌约1分钟成水泥浆,然后投入粗、细骨料并拌匀。

(3)计量精度每班至少检查2次,计量控制在:外加剂±0.5%,水泥、掺合料、膨胀剂以及水±1%,砂石±2%以内。其中加水量应扣除骨料含水量及冰霄重量。

(4)搅拌应符合所用机械说明中所规定的时间,通常不少于90秒,加膨胀剂的混凝土搅拌时间延长 30 秒,以搅拌均匀为准,并且时间不宜过长。

(5)出罐混凝土应随时测定坍落度,和要求不符时应由专业技术人员及时调整。

第 92 讲　混凝土运输

(1)混凝土的场外运输。

①预拌混凝土的远距离运输应当使用滚筒式罐车。

②运送混凝土的车辆应符合均匀、连续供应混凝土的需要。

③必须有完善的调度系统和装备,依据施工情况指挥混凝土的搅拌与运送,减少停滞时间。

④罐车在盛夏和冬季都应有隔热覆盖。

⑤混凝土搅拌运输车,第一次装料时,应多加二袋水泥。在运送过程中筒体应保持慢速转动;卸料前,筒体应加快运转 20～30 秒之后方可卸料。

⑥送到现场混凝土的坍落度应随时检验,需调整或者分次加入减水剂均应由搅拌站派驻现场的专业技术人员执行。

(2)固定泵(地泵)场内运输与布料。

①受料斗必须配备孔径为 50 mm×50 mm 的振动筛避免个别大颗粒骨料流入泵管,料斗内混凝土上表面距离上口宜为 200 mm 左右以避免泵入空气。

②泵送混凝土前,先把储料斗内清水从管道泵出,湿润和清洁管道,然后压入纯水泥浆或 1:1～1:2 水泥砂浆滑润管道后,然后再泵送混凝土。

③开始压送混凝土时速度宜慢,当混凝土送出管子端部时,速度可逐渐加快,并转入用正常速度进行连续泵送。遇到运转不正常时,可使泵送速度放慢。进行抽吸往复推动数次,以防堵管。

④泵送混凝土浇筑入模时,端部软管均匀移动,使每层布料均匀,并且不应成堆浇筑。

⑤泵管向下倾斜输送混凝土时,应在下斜管的下端设置与 5 倍落差长度相当的水平配管,若与上水平线倾斜度大于 70° 时应在斜管上端设置排气活塞。如由于施工长度有限,下斜管无法按上述要求长度设置水平配管时,可以用弯管或软管代替,但换算长度仍应符合 5 倍落差的要求。

⑥沿地面铺管,每节管两端应垫 50 mm×100 mm 方木,以便于拆装;向下倾斜输送时,应搭设宽度不小于 1 m 的斜道,上铺脚板,管两端垫方木支承,泵管不应直接铺设于模板、钢筋上,而应搁置在马凳或临时搭设的架子上。

⑦泵送将结束时,计算混凝土需用量,并通知搅拌站,防止剩余混凝土过多。

⑧混凝土泵送完毕,混凝土泵和管道可采用压缩空气推动清洗球清洗,压力不大于 0.7 MPa。首先安好专用清洗管,再将空压机启动,渐渐加压,清洗过程中随时敲击输送管,判断混凝土是否排空,清洗干净。管道拆卸之后按不同规格分类堆放备用。

⑨泵送中途停歇时间不应多于 60 分钟,如大于 60 分钟则应清管。

⑩泵管混凝土出口处,管端距模板应大于 500 mm。

⑪盛夏施工,泵管应覆盖隔热。

⑫只允许使用软管布料,并且不允许使用振动器推赶混凝土。

⑬在预留凹坑模板或者预埋件处,应沿其四周均匀布料。

⑭加强对混凝土泵及管道巡回检查,发现声音异常或者泵管跳动应及时停泵排除故障。

(4)汽车泵布料。

①汽车泵行走和作业应有足够的场地,汽车泵应靠近浇筑区并应有两台罐车能同时就位卸混凝土的条件。

②汽车泵就位后应按要求撑开支腿,加垫枕木,汽车泵稳固之后方准开始工作。

③汽车泵就位与基坑上口的距离根据基坑护坡情况而定,通常应取得现场技术主管的同意。

第93讲　混凝土浇筑

(1)混凝土的自由落距不得超过2 m。

(2)混凝土在浇筑地点的坍落度,每工作班至少检查4次。

混凝土的坍落度试验应满足《普通混凝土拌合物性能试验方法标准》(GB/T50080-2002)的有关规定要求。混凝土实测的坍落度与要求坍落度之间的偏差应大于±20 mm。

(3)混凝土浇筑可依据面积大小和混凝土供应能力采取全面分层、分段分层或斜面分层连续浇筑如图4.2所示,分层厚度300~500 mm并且不大于振动棒长1.25倍。分段分层多采取踏步式分层推进,一般踏步宽为1.5~2.5 m。斜面分层浇灌每层厚30~35 cm,坡度通常为1:6~1:7。

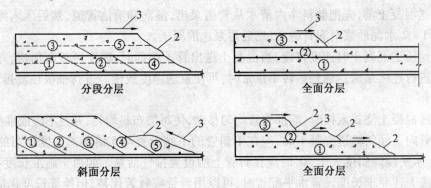

图4.2　底板混凝土浇筑方式
1—分层线;2—新浇灌的混凝土;3—浇灌方向

(4)浇筑混凝土时间应按表4.38控制。掺外加剂时由试验确定。

表4.38　混凝土搅拌至浇筑完的最大延续时间　　　　　　　　　　　　　　单位:min

混凝土强度	气温		混凝土强度	气温	
	≤25 ℃	>25 ℃		≤25 ℃	>25 ℃
≤C30	120	90	>C30	90	60

(5)混凝土浇筑宜由低处开始,沿长边方向自一端向另一端推进,逐层上升。亦可采取中间向两边推进,保持混凝土沿基础全高均匀上升。浇筑时,要在下一层混凝土初凝前浇筑上一层混凝土,避免产生冷缝,并及时排走表面泌水。

(6)局部厚度比较大时先浇深部混凝土,2~4小时之后再浇上部混凝土。

(7)振捣混凝土应使用高频振动器,振动器的插点间距为1.5倍振捣器的作用半径,避免漏振。斜面推进时振动棒应于坡脚与坡顶处插筋。

（8）振动混凝土时，振动器应均匀地插拔，插入下层混凝土±50 cm 左右，每点振动时间为 10～15 秒，以混凝土泛浆不再溢出气泡为宜，不可过振。

（9）混凝土浇筑完毕之后 3～4 小时在混凝土接近初凝之前进行第二次振捣然后按标高线用刮尺刮平并且轻轻抹压。

（10）混凝土的浇筑温度按施工方案控制，以低于 28 ℃为宜，最高不得高于 25 ℃。

（11）间断施工长于混凝土的初凝时间应待先浇混凝土具有 1.2 N/ mm^2 以上的强度时才允许后浇筑混凝土。

（12）混凝土浇筑前应对混凝土接触面先行湿润，对于补偿收缩混凝土下的垫层或者相邻其他已浇筑的混凝土应在浇筑之前 24 小时即大量洒水浇湿。

第 94 讲　混凝土表面处理

（1）处理程序：初凝前一次抹压→临时覆盖塑料膜→混凝土终凝前 1～2 小时掀膜二次抹压→覆膜

（2）在混凝土表面泌水应及时引导集中排除。

（3）混凝土表面浮浆较厚时，应在混凝土初凝之前加粒径为 2～4 cm 的石子浆，均匀撒布于混凝土表面用抹子轻轻拍平。

（4）四级以上风天或者烈日下施工应有遮阳挡风措施。

（5）当施工面积较大时可以分段进行表面处理。

（6）混凝土硬化之后的表面塑性收缩裂缝可灌注水泥素浆刮平。

第 95 讲　混凝土养护

（1）混凝土侧面钢木模板在任何季节施工都应设保温层。

（2）蓄水养护混凝土：混凝土表面在初凝之后覆盖塑料薄膜，终凝后注水，蓄水深度不少于 80 mm。

当混凝土表面温度和养护水的温差超过 20 ℃时应采取措施使温差降到 10 ℃左右。高温雨季施工，应采取相应防雨降低养护水温的措施。

（3）蓄热法养护混凝土：盛夏采用降温搅拌混凝土时，混凝土终凝之后立即覆盖塑料膜和保温层。

常温施工时混凝土终凝土之后立即覆盖塑料膜和浇水养护，当混凝土实测内部温差或者内外温差超过 20 ℃再覆盖保温层。

当气温低于混凝土成型温度时，混凝土终凝之后应立即覆盖塑料膜及保温层，在有可能降雨雪时为保持保温层的干燥状态，保温层上表面应设有不透水的遮盖。

（4）混凝土养护期间需进行其他作业时，应将保温层掀开尽快完成随即恢复保温层。

（5）当设计无特殊要求时，混凝土硬化期的实测温度应符合以下规定：

混凝土内部温差（中心与表面下 100 mm 或者 50 mm 处）不大于 20 ℃；

混凝土表面温度（表面以下 100 mm 或者 50 mm）与混凝土表面外 50 mm 处的温差不大于 25 ℃；对补偿收缩混凝土，允许介于 30～35 ℃之间；

撤除保温层时混凝土表面与大气温差不大于 20 ℃。

混凝土降温速度不大于 1.5 ℃/h；

当实测温度不符合以上规定时则应及时调整保温层或采取其他措施使其满足温度及温差的规定。

（6）混凝土的养护期限：混凝土的养护时间从混凝土浇筑开始计算，使用普通硅酸盐水泥不小于14天，使用其他水泥不少21天，而炎热天气适当延长。

（7）养护期内（含撤除保温层后）应始终保持混凝土表面温热潮湿状态（塑料膜内应有凝结水），对掺有膨胀剂的混凝土特别应富水养护；但气温低于5℃时，不得浇水养护。

第96讲　冬期施工

（1）冬期施工的期限：室外日平均气温连续5天稳定低于5℃起等于5℃止。

（2）混凝土的受冻临界强度：使用硅酸盐水泥或者普通硅酸盐水泥的混凝土应为混凝土强度标准值的30%，使用矿渣硅酸盐水泥应是混凝土强度标准值的40%。掺用防冻剂的混凝土，当气温不低于−15℃时不得小于4 N/mm²；而当气温不低于−30℃时不得小于5 N/mm²。

（3）冬期施工的大体积混凝土应优先使用硅酸盐水泥及普通硅酸盐水泥，水泥强度等级宜为42.5。

（4）大体积混凝土底板冬施，当气温在−15℃以上时应优先选用蓄热法，当蓄热法不能符合要求时，应采用综合蓄热法施工。

（5）蓄热法施工应进行混凝土热工计算，决定原材料加热及搅拌温度和浇筑温度，将保温层和种类、厚度等确定出来。并且保温层外应覆盖防风材料封闭。

（6）综合蓄热法可在混凝土中加少量防冻剂或者掺少量早强剂。搅拌混凝土粉剂防冻剂可与水泥同时投入。液体防冻剂应先配制成需要的浓度；各溶液分别放在有明显标志的容器内备用；并随时用比重计检验其浓度。

（7）混凝土浇筑后应尽早覆盖塑料膜和保温层并且应始终保持保温层的干燥。侧模及平面边角应加厚保温层。

（8）混凝土冬期施工所用外加剂应具有适应低温的施工性能，不准使用缓凝剂与缓凝型减水剂，不准使用可挥发氯气的防冻剂，不准使用含氯盐的早强剂与早强减水剂。

（9）混凝土的浇筑温度应是10℃左右，分层浇筑时已浇混凝土被上层混凝土覆盖时不应低于2℃。

（10）原材料的加热，应优先采用水加热，当气温低于−8℃时再考虑加热骨料，其次为砂，再次为石子。加热温度限制见表4.39。

表4.39　拌合水及骨料加热最高温度　　　　　　　　　　　　　单位：℃

水泥	水	骨料
<52.5级的普通硅酸盐水泥，矿渣硅酸盐水泥	80	60
>52.5级的硅酸盐水泥，普通硅酸盐水泥	60	40

当水和骨料加热到表4.39温度仍不能满足要求时水可加热至100℃，水泥不得与80℃以上的水直接接触。水宜使用蒸气加热或者用热交换罐加热，在容器中调至要求温度后使用。砂可利用火坑或者加热料斗升温。应将水泥、掺合料提前运入暖棚或罐保温。

（11）混凝土的搅拌。

①骨料中不得带有冰雪和冰团；

③搅拌机应设置在保温棚内,棚温不低于5 ℃;

③使用热水搅拌应先投入骨料、加水,待水温降至40 ℃左右时再投入水泥和掺合料等。

(12)混凝土泵应设于挡风棚内,泵管应保温。

(13)混凝土运送应尽量缩短耗时,罐车应有保温被罩。

(14)测温项目与次数见表4.40。

表 4.40　混凝土冬期施工测温项目和次数

测温项目	测温次数
室外气温及环境温度	每昼夜不少于4次,此外还需测最高、最低气温
搅拌机棚温度	每一工作班不少于4次
水、水泥、砂、石及外加剂溶液温度	第一工作班不少于4次
混凝土出罐、浇筑、入模温度	每一工作班不少于4次

注:室外最高最低气温量起、止日期为本地区冬期施工起始至终了时止。

(15)混凝土浇筑之后的测温同常温大体积混凝土的施工要求。

(16)混凝土拆模和保温应在混凝土冷却到5 ℃以后,若拆膜时混凝土与环境温差大于20 ℃,则拆膜之后的混凝土表面仍应覆盖使其缓慢冷却。

4.4　清水混凝土及施工

第97讲　施工准备

为满足清水混凝土装饰效果,模板设计应满足下列要求:

(1)模板分块设计应符合清水混凝土饰面效果的设计要求。当设计无具体要求时,应符合以下要求:

①外墙模板分块宜以轴线或门窗口中线为对称中心线,内墙模板分块宜以墙中线为对称中心线。

②外墙模板上下接缝位置宜设于明缝处,明缝宜设置楼层标高、窗台标高、窗过梁梁底标高、框架梁梁底标高、窗间墙边线或其他分格线位置。

③阴角模与大模板之间不宜留调节余量;确需留置时,宜采用明缝方式处理。

(2)单块模板的面板分割设计应与禅缝、明缝等清水混凝土饰面效果一致。当设计无具体要求时,应符合以下要求:

①墙模板的分割应依据墙面的长度、高度、门窗洞口的尺寸、梁的位置和模板的配置高度、位置等确定,所形成的禅缝、明缝水平方向应交圈,竖向应顺直有规律。

②当模板接高时,拼缝不宜错缝排列,横缝应在同一标高位置。

③群柱竖缝方向宜一致。当矩形柱较大时,其竖缝宜设置在柱中心。柱模板横缝宜从楼面标高开始向上作均匀布置,余数宜放在柱顶。

④水平模板排列设计应均匀对称、横平竖直;对于弧形平面宜沿径向辐射布置。

⑤装饰清水混凝土的内衬模板的面板分割应保证装饰图案的连续性及施工的可操作性。

(3)饰面清水混凝土模板应符合以下要求:

①阴角部位应配置阴角模,角模面板之间宜斜口连接;

②阳角部位宜两面模板直接搭接;

③模板面板接缝宜设置在肋处,无肋接缝处有防止漏浆措施;

④模板面板的钉眼、焊缝等部位的处理不应影响混凝土饰面效果;

⑤假眼宜采用同直径的堵头或锥形接头固定在模板面板上;

⑥门窗洞口模板宜采用木模板,支撑应稳固,周边应贴密封条,下口应设置排气孔,滴水线模板宜采用易于拆除的材料,门窗洞口的企口、斜坡宜一次成型;

⑦宜利用下层构件的对拉螺栓孔支撑上层模板;

⑧宜将墙体端部模板面板内嵌固定;

⑨对拉螺栓应根据清水混凝土的饰面效果,且应按整齐、匀称的原则进行专项设计。

第98讲　混凝土浇筑

清水混凝土的配制、浇筑与养护除满足相关要求外,尚应满足下列要求:

(1)原材料质量控制要求。

①用于清水混凝土的原材料应有足够的存储量,颜色及技术参数应一致。

②对所有用于清水混凝土的水泥及掺合料,样品经验收后进行封样。对首批进场的原材料经取样复试合格之后,应立即进行封样,以后进场的每批来料均与封样进行对比,若发现有明显色差的不得使用。

③涂料应选用对混凝土表面具有保护作用的透明涂料,且应有防污染性、憎水性以及防水性。

(2)配合比设计要求。

①按照设计要求进行试配,确定混凝土表面颜色;

②按照混凝土原材料试验结果确定外加剂型号和用量;

③考虑工程所处环境,根据抗碳化、抗冻害、抗硫酸盐、抗盐害和抑制碱-骨料反应等对混凝土耐久性产生影响的因素进行配合比设计。

④配制清水混凝土时,应采用矿物掺合料。

(3)浇筑。

①根据结构特点进行构件分区,同一构件分区应采用同批混凝土,并且应连续浇筑。

②同层或同区内混凝土构件所用材料牌号、品种以及规格应一致,并应保证结构外观色泽符合要求。

第99讲　混凝土养护

(1)清水混凝土拆模后应立即养护,对同一视觉范围内的清水混凝土应采用相同的养护措施。

(2)清水混凝土养护时,不得采用对混凝土表面有污染的养护材料和养护剂。

4.5 型钢混凝土施工

第100讲 施工准备

针对型钢混凝土的原材料还应满足下列要求:

(1)混凝土强度等级不宜小于C30,宜采用预拌混凝土。

(2)混凝土最大骨料粒径应小于型钢外侧混凝土保护层厚度的1/3,并且不宜大于25 mm。石子含泥量不得大于1%。

(3)砂:宜用粗砂或者中砂,含泥量不大于3%。

(4)振捣上如果有困难或普通混凝土无法符合施工要求时,应与设计单位协商使用自密实混凝土。

(5)当采用普通混凝土浇筑时,应依据浇筑方式合理控制好坍落度。当采用自密实混凝土时,应根据实际情况对混凝土的坍落度和扩展度进行控制。对于水平结构,坍落度通常情况下在240 mm±20 mm,扩展度宜大于700 mm,对于竖向结构,坍落度通常情况下在220 mm±20 mm,扩展度大于600 mm。

第101讲 型钢混凝土浇筑

(1)型钢柱浇筑。

①因为柱、梁中型钢柱影响,当模板无法采用对拉螺栓时,模板外侧应采用柱箍、梁箍,间距经计算确定,柱身四周下部加斜向顶撑,避免柱身涨模及侧移。柱子根部留置清扫口,混凝土浇筑前清除残余垃圾。

②柱混凝土应分层振捣。除上表面振捣之外,下面要有人随时敲打模板。若型钢结构尺寸比较大,柱根部的混凝土与原混凝土接触面较小时,也可以事先将柱根浸湿,柱子高度超过6 m时,应分段浇筑或模板中间预开洞口(门子板)下料,避免混凝土自由倾落高度过高。

③柱、墙与梁、板宜分次浇筑,浇筑高度大于2 m时,建议采用串筒及溜管下料,出料管口至浇筑层的倾落自由高度不应大于1.5 m。当柱与梁、板同时施工时,柱高在3 m之内,可在柱顶直接下灰浇筑,超过3 m时,应采取措施(用串桶)或者在模板侧面开门子洞安装斜溜槽分段浇筑。每段高度不得超过2 m,每段混凝土浇筑后把门子洞模板封闭严实,与柱箍箍牢。并在柱和墙浇筑完毕后停歇1~1.5 h,使竖向结构混凝土充分沉实之后,再继续浇筑梁与板。

④柱子混凝土宜一次浇筑完毕,如果型钢组合结构安装工艺要求施工缝隙留置在非正常部位,应征得设计单位同意。

⑤采用自密实混凝土浇筑时,应采用小直径振捣棒进行短时间的振捣,时间长度应控制在普通振捣的1/5~1/3左右。

⑥浇筑完后,应随时把溅在型钢结构上的混凝土清理干净。

(2)型钢梁混凝土浇筑。

①在梁柱节点部位因为梁纵筋需穿越型钢柱,施工中宜采用钢筋机械连接技术,便于操

作。

②梁浇筑时,应先浇筑型钢梁底部,再浇筑型钢梁及柱交接部位,然后再浇筑型钢梁的内部。

③梁浇筑普通混凝土时,应由一侧开始浇筑,用振捣棒从该侧进行赶浆,在另一侧设置一振捣棒,同时进行振捣,同时观察型钢梁底灌满与否。如果有条件时,应将振捣棒斜插到型钢梁底部进行振捣。

④梁柱节点钢筋比较密时,浇筑此处混凝土时宜用小粒径石子同强度等级的混凝土浇筑,并用小直径振捣棒振捣。

⑤在梁柱接头处及梁型钢翼缘下部等混凝土不易充分填满处,要仔细浇捣,可以采取门子板、适当加大保护层厚度等措施。

⑥若型钢梁底部空间较小、钢筋密度过大及型钢梁、柱接头连接复杂,普通混凝土无法达到要求时候,可以采用自密实混凝土进行浇筑。浇筑自密实混凝土梁时应采用小振捣棒进行微振,切忌过振。

(3)型钢组合剪力墙混凝土浇筑。

①剪力墙浇筑混凝土之前,先在底部均匀浇筑 50 mm 厚和墙体混凝土成分相同的水泥砂浆,并且用铁锹入模,不应用料斗直接灌入模内。

②浇筑墙体混凝土应连续进行,间隔时间不应大于 2 h,每层浇筑厚度控制在 600 mm 左右,因此必须预先安排好混凝土下料点位置及振捣器操作人员数量。

③振捣棒移动间距应小于 500 mm,每一振点的延续时间应以表面呈现浮浆为度,为使上下层混凝土结合成整体,振捣器应插入下层混凝土 50 mm。振捣时注意钢筋密集和洞口部位,为避免出现漏振。须在洞口两侧同时振捣,下灰高度也要大体一致。大洞口的洞底模板应开口,并且在此处浇筑振捣。

④混凝土墙体浇筑完毕后,将上口甩出的钢筋加以整理,以木抹子按标高线将墙上表画混凝土找平。

第 102 讲　混凝土养护

(1)型钢结构采用的混凝土强度等级较高或者混凝土流动性大,容易产生混凝土裂缝,所以应高度重视混凝土养护工作。

(2)做好混凝土的早期养护,避免出现混凝土失水,影响其强度增长。混凝土浇筑完毕之后,应在 12 h 以内加以覆盖和浇水,浇水次数应能保持混凝土有足够的润湿状态,养护期通常不少于 7 昼夜。

4.6　钢管混凝土施工

第 103 讲　施工准备

用于钢管内灌注的混凝土,应满足以下要求。

(1)应采用预拌混凝土。混凝土强度等级不应低于 C30,并且随着钢管钢材级别的提高,而提高强度等级。一般 Q235 钢管宜配用 C30、C40 级混凝土;Q345 钢管宜配 C40、C50

级混凝土;Q390 与 Q420 钢管宜配 C60 级以上混凝土。

（2）由于钢管、混凝土共同作用,管内混凝土宜选用无收缩混凝土。

（3）在钢管内混凝土配合比设计时,要使混凝土拌合物具有良好的自身密实性能,获得最佳的流动性能;浆骨比例适当,既要不影响混凝土流动性,又要尽量使自身收缩减少。

（4）混凝土配合比应根据混凝土设计等级计算,并利用试验确定,除满足强度指标外,混凝土坍落度和可泵性能应同管内混凝土的浇筑方法相一致。其中,对于泵送顶升浇筑法与高抛浇筑法,粗骨料粒径可以采取 5～30 mm,水灰比不大于 0.45,坍落度不小于 160 mm,并且应注意可泵性;对于手工逐段浇筑法,粗骨料粒径可以采取 10～40 mm,水灰比不大于0.4;当有穿心部件时,粗骨料粒径宜减小为 5～20 mm,其坍落度不小于 160 mm。

第 104 讲　管内混凝土浇筑

（1）管内混凝土浇筑方法。

①泵送顶升浇筑法。

a. 采用顶升法时钢管截面（直径）不小于泵管直径的 2 倍。

b. 在钢管接近地面的适当位置安装一个带闸门的进料管,直接同泵车的输送管相连,由泵车将混凝土连续不断地由下而上灌入钢管,无需振捣。钢管顶部需留置排气孔。

c. 顶升之前应计算混凝土泵的出口压力（钢管的入口压力）,出口压力应考虑局部压力损失及管壁的沿程压力损失等来确定采用何种混凝土泵。对于矩形钢管柱还应验算板的局部稳定,板的局部变形不应大于 2 mm。混凝土顶升应顶出浮浆,柱头混凝土应以高强度无收缩混凝土补灌以补充混凝土顶部的沉陷收缩。

②导管浇筑法。钢管柱插入装有混凝土漏斗的钢制导管,浇筑之前,导管下口离钢管底部距离不小于 300 mm,导管和管壁（及管内隔板）侧向间隙不小于 50 mm,以利于振动棒振捣,直径小于（或边长）400 mm 的钢管柱,宜采用外侧附着式振动器振捣。

③　手工逐段浇筑法。混凝土由钢管上口灌入,用振捣器振实。管径大于 350 mm 时,采用内部振捣器。每次振捣时间不得少于 30 s,一次浇筑高度不宜超过 1.5 m。钢管最小边长比 350 mm 小时,可以采用附着在钢管外部的振捣器振捣,外部振捣器的位置应随着混凝土浇筑的进展加以调整。外部振捣器的工作范围,以钢管横向振幅不小于 0.3 mm 为有效。振捣时间不短于 1min。一次浇筑的高度不应大于振捣器的有效工作范围及 2～3 m 柱长。

第 105 讲　高位抛落面振捣

借助混凝土下落时产生的动能达到振实混凝土的目的。适用于管径大于 350 mm,高度不小于 4 m 的情况。对抛落高度不足 4 m 的区段,应用内部振捣器振实,钢管顶部清除浮浆。一次抛落的混凝土量宜在 0.7 m³ 左右,用料斗装填,料斗的下口尺寸应小于钢管内径 100～200 mm,以便混凝土下落时,管内空气能够排出。

第 106 讲　混凝土养护

（1）管内混凝土浇筑之后,应及时采取养护措施,可能遇到低温情况时,应制定冬施措施严防管内混凝土受冻害。

（2）管内混凝土养护期间注意防止撞击该钢管混凝土,以免导致"空鼓"。

（3）钢管内的混凝土的水分不易散失，但是要将管口及顶升口等进行保湿封闭。由于混凝土的水分不易散失，混凝土受冻后体积膨胀会使钢管在胀力的作用下开裂，从而导致严重的质量事故，国内已有此类问题发生。所以，钢管混凝土宜避免冬期施工，如无法避免时，混凝土浇筑时应有严格的冬期施工措施。

4.7 混凝土季节性施工

第107讲 雨季施工

（1）雨期施工时，应对水泥及掺合料采取防水和防潮措施，并应对粗、细骨料含水率实时监测，当雨雪天气等外界影响引起混凝土骨料含水率变化时，及时调整混凝土配合比。

（2）模板脱模剂应具有防雨水冲刷性能。

（3）现场拌制混凝土时，砂石场排水畅通，没有积水，随时测定雨后砂石的含水率；搅拌机棚（现场搅拌）等有机电设备的工作间都要有安全牢固的防雨、防风以及防砸的支搭顶棚，并做好电源的防触电工作。

（4）施工机械、机电设备提前做好防护，现场供电系统做到线路、箱、柜完好可靠，绝缘良好，防漏电装置灵敏有效。机电设备设防雨棚并有接零保护。

（5）采用水泥砂浆及木板做好结构作业层以下各楼层水平孔洞围堰、封堵工作，避免雨水从楼层进入地下室。

（6）地下工程，除做好工程的降水、排水外，还应做好基坑边坡变形监测、防护、防塌以及防泡等工作，要避免雨水倒灌，影响正常生产，危害建筑物安全。地下车库坡道出入口需搭设防雨棚、围挡水堰防倒灌。

（7）底板后浇带中的钢筋如长期遭水浸泡而生锈，为防止雨水和泥浆从各处流到地下室和底板后浇带中，地下室顶板后浇带、各层洞口周围可以用胶合板及水泥砂浆围挡进行封闭。如图4.2所示为底板后浇带具体保护做法，并在大雨过后或不定期将后浇带内积水排出。而楼梯间处可用临时挡雨棚罩或者在底板上临时留集水坑以便抽水。

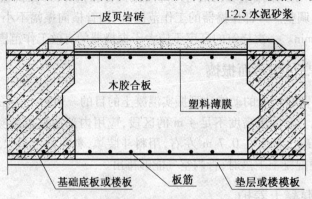

图 4.2 底板后浇带的保护

（8）外墙后浇带用预制钢筋混凝土板、钢板以及胶合板或不小于 240 mm 厚砖模进行封闭，如图4.3所示。

（9）大面积、大体积混凝土连续浇筑和采用原浆压面一次成活工艺施工时，应预先了解天气情况，并应避免雨天施工。浇筑前应做好防雨应急措施准备，遇雨时合理留置施工缝。

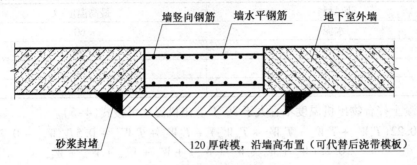

图4.3　外墙后浇带的保护

（10）除采用防护措施之外，小到中雨天气不宜进行混凝土露天浇筑，并不应开始大面积作业面的混凝土露天浇筑；大到暴雨天气禁止进行混凝土露天浇筑。

（11）混凝土浇筑过程中，对由于雨水冲刷致使水泥浆流失严重的部位，可采用补充水泥砂浆、铲除表层混凝土及插短钢筋等补救措施。

（12）混凝土浇筑完毕之后，应及时覆盖塑料薄膜等，防止被雨水冲刷。

第108讲　高温施工

当室外大气温度达到35 ℃及以上时，应根据高温施工要求采取措施。

（1）原材料要求。

①高温施工时，应对水泥、砂以及石的贮存仓、料堆等采取遮阳防晒措施，或在水泥贮存仓、砂以及石料堆上喷水降温。

②根据环境温度、湿度、风力以及采取温控措施实际情况，对混凝土配合比进行调整。调整时要考虑下列因素：

a.应考虑原材料温度、大气温度、混凝土运输方式与时间对混凝土初凝时间、坍落度损失等性能指标的影响，根据环境温度、湿度、风力和采取温控措施的实际情况，对混凝土配合比进行调整。

b.宜在近似现场运输条件、时间和预计混凝土浇筑作业最高气温的天气条件下，通过混凝土试拌合与试运输的工况试验后，调整并确定适合高温天气条件下施工的混凝土配合比。

c.宜采用低水泥用量的原则，并可采用粉煤灰取代部分水泥。宜选用水化热较低的水泥。

d.混凝土坍落度不宜小于70 mm。当掺用缓凝型减水剂时，可根据气温适当增加坍落度。

（2）混凝土搅拌与运输。

①应对搅拌站料斗、储水器、皮带运输机、搅拌楼采取遮阳防晒措施；

②对原材料进行直接降温时，宜采用对水、粗骨料进行降温的方法；当对水直接降温时，可采用冷却装置冷却拌合用水，并对水管及水箱加设遮阳和隔热设施，也可在水中加碎冰作为拌合用水的一部分。混凝土拌合时掺加的固体冰应确保在搅拌结束前融化，且在拌合用水中扣除其重量；

③原材料进入搅拌机的最高温度不宜超过表4.41的规定。

表4.41　原材料最高入机温度　　　　　　　　单位:℃

原材料	最高温度/℃
水泥	60
骨料	30
水	25
粉煤灰等矿物掺合料	60

④混凝土拌合物出机温度不宜大于30 ℃。出机温度可按式(4-5)。

$$T_0 = \frac{0.22(T_g W_g + T_s W_s + T_c W_c + T_m W_m) + T_w W_w + T_g W_{ws} + 0.5 T_{ice} W_{ice} - 0.79 W_{ice}}{0.22(W_g + W_s + W_c + W_m) + W_w + W_{wg} + W_{ws} + W_{ice}}$$

$$(4.5)$$

式中　T_0——混凝土出机温度(℃);

T_g、T_s——石子、砂子入机温度(℃);

T_c、T_m——水泥、掺合料(粉煤灰、矿粉等)的入机温度(℃);

T_w、T_{ice}——正常搅拌水、冰的入机温度(℃);冰的入机温度低于0 ℃时,T_{ice}应取负值;

W_g、W_s——石子、砂子干重量(kg);

W_c、W_m——水泥、掺合料(粉煤灰、矿粉等)重量(kg);

W_w、W_{ice}——搅拌水、冰重量(kg);当混凝土不加冰搅拌时,$W_{ice}=0$;

W_{wg}、W_{ws}——石子、砂子中所含水重量(kg)。

⑤必要时,可采取喷液态氮和干冰措施,降低混凝土出机温度。

⑥宜采用混凝土运输搅拌车运输,对混凝土输送管应进行遮阳覆盖,并洒水降温。

(3)混凝土浇筑及养护。

①混凝土浇筑入模温度不应大于35 ℃。

②混凝土浇筑宜在早间或晚间进行,且宜连续浇筑。当混凝土水分蒸发较快时,应在施工作业面采取挡风、遮阳、喷雾等措施。

③混凝土浇筑前,施工作业面应遮阳,并应对模板、钢筋和施工机具采用洒水等降温措施,但在浇筑时模板内不得有积水。

④混凝土浇筑完成后,应及时进行保湿养护,避免水分蒸发过快产生裂缝和降低混凝土强度。侧模拆除前宜采用带模湿润养护。

5 装配式结构工程施工细部做法

5.1 构件制作

第109讲 构件制作要求

(1)台座。台座是指制作预制构件的作业平台,主要用于长线法生产先张预应力预制构件或者普通梁板构件,包括混凝土台座与钢台座等类型。台座的质量将直接影响到预制构件的质量,制作预制构件的台座应平整、坚实,并且室外台座应有必要的排水措施。

(2)模具。模具是专门用来生产预制构件的各种标准或者非标准模板系统,主要有固定模具与可移动模具等类型。模具应具有足够的强度、刚度和整体稳定性,应具有足够的精度以确保拼装严密且不漏浆;模具应能够抵抗混凝土浇筑时的冲击力、侧压力、振动力,以及蒸汽养护所产生的膨胀及收缩变形;模具应易于组装与拆卸,并应能达到预制构件预留孔、插筋、预埋吊件及其他预埋件的定位要求;模具应便于清理和用隔离剂涂刷。模具设计除应保证预制构件制作质量,还需满足生产工艺、组装与拆卸、使用周转次数等要求。跨度比较大的预制构件模具应根据结构设计要求预设反拱。

(2)钢筋与混凝土。钢筋的质量必须符合现行有关标准的规定要求。钢筋成品中配件、埋件以及连接件等应符合有关标准的规定和设计文件要求。

钢筋进场应按钢筋的品种、规格以及批次等分别堆放,并有可靠的措施避免锈蚀和污染。钢筋的骨架尺寸应准确,宜采用专用成型架绑扎成型。加强钢筋应有两处以上部位绑扎固定。钢筋入模时严禁表面沾上作为隔离剂的油类物质。

混凝土的质量和工作性应符合现行有关标准的规定,并符合预制构件混凝土浇筑成型的要求。

(4)饰面材料。石材及面砖等饰面材料质量应符合现行有关标准的规定。饰面砖、石材应按编号、品种、数量、规格、尺寸、颜色以及用途等分类放置。

石材在人模铺设前,应根据构件加工图核对石材尺寸,并且提前24 h在石材背面涂刷处理剂。

(5)门窗框。门窗的品种、规格、尺寸、性能以及开启方向、型材壁厚和连接方式等应符合设计和现行相关标准的要求。

(6)其他材料。按照设计要求,预制构件的制作有可能采用钢筋套筒灌浆连接接头、预制混凝土夹心保温外墙板用拉结件、保温材料以及预埋管线材料等,各种材料均应符合设计和现行有关标准的要求;根据施工需要采用的预埋吊具等,应满足相关规定要求。

第110讲 构件制作工艺要求

(1)模具组装。在预制构件生产区,依据生产操作空间进行模具的布置排列。模具组装前,模板必须清理干净,同混凝土接触的模板表面应均匀涂刷脱模剂,饰面材料铺贴范围内不需涂刷脱模剂。模具安装应平直、尺寸准确并且接缝紧密。

(2)钢筋安装。在模外成型的钢筋骨架,可以吊运到模内整体拼装连接。钢筋骨架尺寸应准确,骨架吊运时应使用多吊点的专用吊架进行,避免钢筋骨架在吊运时的变形。钢筋骨架可采用专用定位塑料支架以确保各部位钢筋的保护层厚度。钢筋骨架应轻放入模,避免钢筋骨架直接接触饰面砖或石材,入模后尽量避免移动钢筋骨架,防止导致饰面材料移动或走位。

(3)门窗框的安装。当采用在构件制作过程中预装门窗框工艺时,门窗框可以直接安装在墙板构件的模具中,安装位置应符合设计要求。应在模具上设置限位框或限位件进行固定,防止门窗框移位。门窗框和模具接触面应采用双面胶密封保护,同混凝土的连接可采用专用金属拉片固定。门窗框应采取纸包裹和遮盖等保护措施,不得污染、划伤以及损坏。在生产制作和吊装工序完成之前,禁止撕除门窗保护。

(4)脱模剂涂刷。预制构件制作应采用脱模剂。脱模剂的使用及预制构件混凝土表面颜色和观感有直接关系,对于清水混凝土及表面需要涂装的混凝土构件,应采用专用脱模剂。油性脱模剂会造成混凝土表面颜色偏暗无光泽、气泡多以及受轻微污染等不利影响,预制构件生产宜选用脱模效果好并且不易污染构件表面的水性或蜡质脱模剂。当采用平卧重叠法制作预制构件时,上、下层构件之间应采取适宜的隔离措施并且应在下层构件的混凝土强度达到5.0 MPa之后,再浇筑上层构件混凝土。

(5)混凝土浇筑与振捣。预制构件的浇筑与现浇结构差别不大。对先张法预应力构件,应在预应力筋张拉后及时浇筑混凝土。预制构件的振捣除可以采用插入式振捣棒、平板振动器以及附着振动器等方式外,振动台振捣方式为预制构件混凝土振捣的重要方式之一。振动台多用于中小预制构件和专用模具生产的先张法预应力预制构件。部分板类预制构件截面尺寸比较小,应选择小型振捣棒辅助振捣、加密振捣点,并应适当将振捣时间延长。预制构件的振捣不仅要求混凝土达到成型密实,而且单块预制构件混凝土浇筑过程应连续,以防止单块构件施工缝或冷缝出现。

配件、埋件、门窗框处混凝土应密实。配件、埋件以及门窗外露部分应有防止污损的措施,并应在混凝土浇筑后把残留的混凝土及时擦拭干净。混凝土表面应及时以泥板抹平提浆,需要时还应对混凝土表面进行二次抹面。

(6)构件养护。预制构件混凝土浇筑完毕之后应及时养护。预制构件可以根据需要选择自然养护、蒸汽养护或者电加热养护等工艺,当有特殊要求时,还可以采用浸水养护。预制构件的蒸汽养护主要是为了加速混凝土凝结硬化,使生产效率提高,养护时应合理控制升温、降温速度和最高温度。蒸汽养护温度过高会影响混凝土后期强度增长,升温或降温速度过快会影响构件混凝土质量,在养护过程中构件表面宜保持90% ~100%的相对湿度。

(7)结合面处理。采用现浇混凝土或者砂浆连接的预制构件结合面,制作时应按设计要求进行处理。设计没有具体要求时,宜进行拉毛或凿毛处理,也可采用露骨料。实现露骨料粗糙面的施工工艺主要有两种:

①在需要露骨料部位的模板表面涂刷适量的缓凝剂。

②在混凝土初凝或脱模后,采用高压水枪、人工喷水以及钢刷清理等措施清理掉未凝结的水泥砂浆。

（8）脱模起吊。预制构件可以采用单边起吊、垂直起吊及旋转、倾斜等方式脱模起吊。预制构件脱模起吊前应检验其同条件养护混凝土的试块强度，满足设计强度75%方能拆模起吊。从安全角度考虑，并结合相关工程实践经验，预制构件脱模在起吊时的强度不宜小于15 MPa。后张有黏结预应力混凝土预制构件应在预应力筋张拉并且孔道灌浆后起吊，起吊时同条件养护的水泥浆试块抗压强度不宜小于15 MPa。应依据模具结构按顺序拆除模具，不得使用震动构件方式拆模。预制构件起吊前，应确认构件和模具间的连接部分完全拆除后方可起吊。预制构件起吊的吊点设置，除强度应符合设计要求之外，还应符合预制构件平稳起吊的要求。

（9）特殊预制构件制作。

①带饰面预制构件。预制构件的饰面应满足设计要求，根据预制构件的制作特点和工程经验，对带面砖或石材饰面的预制构件通常采用反打成型法制作，即将面砖先铺放于模板内，然后直接在面砖上浇筑混凝土并成型。反打成型法取消了后粘贴砂浆层，能够有效地提高面砖黏结强度，且更利于控制外观质量。反打成型法对于模具平整度、面砖保护、面砖与混凝土的黏结性能等方面都有较高要求，构件制作中应予以注意。

饰面砖或者石材铺贴前应清理模具，按预制加工图分类编号和对号铺放。饰面砖或者石材铺放应按控制尺寸和标高在模具上设置标记，并且按标记固定和校正饰面砖或石材。应根据模具设置基准进行预铺设，当全部尺寸调整无误之后，再用双面胶带或硅胶将面砖套件或石材位置固定牢固。饰面材料与混凝土的结合应牢固，二者之间连接件的结构、数量、位置以及防腐处理应符合设计要求。满粘法施工的石材及面砖等饰面材料与混凝土之间应无空鼓。饰面材料铺设之后表面应平整，接缝应顺直，接缝的宽度与深度应满足设计要求。

涂料饰面的构件其表面应平整、光滑，棱角、线槽应顺畅，大于1 mm的气孔应进行填充修补。

②带保温材料预制构件。构件外保温与夹心保温是应用较多的墙体保温方式。相对于现浇结构，在预制构件中实现外保温与夹心保温的施工难度明显减小，其中预制夹心保温外墙板已成为墙体保温主要方式之一。带保温材料的预制构件宜通过水平浇筑方式成型。采用夹心保温的预制构件，宜采用专用拉结件连接内外两层混凝土，其数量和位置应满足设计要求。

③清水混凝土预制构件。为确保清水混凝土预制构件质量，构件边角设计可采用倒角或圆弧角；构件模具应符合清水混凝土表面设计精度要求；应控制原材料质量和混凝土配合比，并应保证每班生产构件的养护温度均匀一致；构件表面应采取针对清水混凝土的保护及防污染措施。出现的质量缺陷应采用专用材料修补，修补之后的混凝土外观质量应符合设计要求。

④带门窗和预埋管线预制构件。带门窗及预埋管线预制构件制作应符合的规定：

a.门窗框及预埋管线应在浇筑混凝土前预先放置并固定，固定时应采取防止窗破坏和污染窗体表面的保护措施。

b.当采用铝窗框时，应采取防止铝窗框与混凝土直接接触发生电化学腐蚀的措施。

c.应采取控制温度或者受力变形对门窗产生的不利影响的措施。

5.2　运输与存放

第111讲　运输

　　预制构件的运输一般包括预制构件出厂至施工现场运输及施工场内二次转运,应根据预制构件的受力特点,采取有针对性的措施,确保运输过程中预制构件不发生损坏。预制构件运输宜选用低平板运输车,运输车应根据构件特点设运输架,并采取用钢丝绳加紧固器等措施绑扎牢固,避免构件在运输过程中受损。

　　预制构件采用集装箱方式运输时,箱内四周应采用木材或者混凝土块作为支撑物,构件接触部位用柔性垫片垫实,支撑牢固不得有松动。

　　预制外墙宜采用直立方式运输,预制叠合楼板、预制阳台板以及预制楼梯可采用平放方式运输,并正确选择支撑位置。

　　预制构件的运输具体要求包括:

　　(1)预制构件的运输线路应根据道路及桥梁的实际条件确定,并且提前踏勘确认,根据运输车辆特点,选择避开涵洞、急转弯以及大坡度等不利运输道路。

　　(2)场内运输宜设置循环线路,道路应坚实、平整,坡度不宜太大,并按照运输车辆长度设置道路转弯半径。

　　(3)运输车辆应满足构件尺寸和载重要求。

　　(4)装卸构件的过程中,应采取保证车体平衡、避免车体倾覆的措施。

　　(5)应采取防止构件移动或倾倒的绑扎固定措施。

　　(6)运输细长构件时应根据需要设置水平支架。

　　(7)构件边角部或绳索接触处的混凝土表面,宜采用垫衬加以保护。

　　对于所有情况,预制构件的支座位置均应在设计时考虑,对开大洞的墙板,运输时需要配置工具靠放架、支撑或拉杆以确保其应力不超过设计限值。

第112讲　存放

　　预制构件存放要求包括:

　　(1)场地应平整、坚实,并应有良好的排水措施。

　　(2)应保证最下层构件垫实,预埋吊件宜向上,标志宜朝向堆垛间的通道。

　　(3)垫木或垫块在构件下的位置宜与脱模、吊装时的起吊位置一致。重叠堆放构件时,每层构件间的垫木或垫块应在同一垂直线上。

　　(4)堆垛层数应根据构件与垫木或垫块的承载能力及堆垛的稳定性确定,必要时应设置防止构件倾覆的支架。

　　(5)施工现场存放的构件,宜按安装顺序分类存放,堆垛宜布置在吊车工作范围内且不受其他工序施工作业影响的区域。

　　(6)预应力构件的存放应考虑反拱的影响。

第113讲　墙板的运输和存放

　　墙板类构件应依据构件受力特点和施工要求选择运输与存放方式。几何形状复杂的墙板宜采用插放架或靠放架直立运输与存放的方式。若受运输路线等因素限制无法直立运输时,也可采用专用支架水平运输。采用靠放架直立存放的墙板宜对称靠放、饰面朝外,构件同竖向垂直线的倾斜角不宜大于10°。对于墙板类构件的连接止水条、高低口以及墙体转角等薄弱部位应加强保护。预制墙板插放架设计为两侧插放,插放架应符合强度、刚度和稳定性要求,插放架必须设置防磕碰、防下沉的保护措施;预制构件存放场地的布置应确保构件存放有序,安排合理,保证构件起吊方便且占地面积较小。

第114讲　屋架的运输和存放

屋架多为平卧制作,运输通过直立方式并应采取可靠的固定措施。屋架存放时,可将几榀屋架绑扎固定成整体直立存方。吊运安装平卧制作混凝土屋架时,应依据屋架跨度、刚度确定吊索绑扎形式及加固措施,一次平稳就位。

5.3　安装与连接

第115讲　准备工作

(1)施工组织。装配式结构的安装施工组织具有重要指导作用,科学的组织对于保证质量、安全以及工期有利。装配式结构安装施工组织应根据工期要求、工程量以及机械设备等现场条件,组织满足安装工艺要求、均衡有效的安装施工流水作业。

(2)安装准备。预制构件安装前的准备工作包括:

①核对已施工完成结构的混凝土强度、外观、尺寸等符合设计文件要求;

②核对预制构件混凝土强度及预制构件和配件的型号、规格、数量等符合设计文件要求;

③应在已施工完成结构及预制构件上进行测量放线,并设置安装定位标志;

④确认吊装设备及吊具处于安全操作状态;

⑤核实现场环境、天气、道路状况满足吊装施工要求。

(3)吊具准备。预制构件起吊宜选用可调式横吊梁均衡起吊就位。预制构件吊具宜采用标准吊具,吊具应经计算,有足够安全度。吊具可选用预埋吊环或埋置式接驳器。预制构件吊装前应根据构件类型准备吊具。

(4)支座条件。安装预制构件时,其搁置长度应符合设计要求。预制构件与其支撑构件间宜设置厚度不大于 30 mm 的坐浆或垫片,以便在一定范围内调整构件的标高。对叠合板及叠合梁等的支座,当符合设计要求时,可以不考虑搁置长度的影响,也可以不设置坐浆或垫片,构件的位置及标高可通过临时支撑加以调整。

第116讲　构件安装

装配式混凝土结构预制构件的吊装方法可以按照不同吊装工况和构件类型选用,构件安装的基本要求包括:

(1)预制构件安装前应按吊装流程核对构件编号,清理数量。吊装流程可按照同一类型的构件,以顺时针或逆时针方向依次进行。构件吊装应按设计及施工组织工艺流程进行,各楼层设置安全围挡以确保作业安全。

（2）应将预制构件搁置的支座表面清理干净，按楼层标高控制线铺设坐浆或垫放硬垫块，逐件安装。

（3）预制构件吊装之前，应根据预制构件的单件质量、形状、安装高度以及吊装现场条件来确定吊装机械型号与配套吊具，回转半径应覆盖吊装区域，并且便于安装与拆除。

（4）为了确保预制构件安装就位准确，预制构件吊装前，应按设计要求在构件和相应的支承结构上标志出中心线、标高等控制线或控制点，按照设计要求校核埋件及连接钢筋等，并作出标志。

（5）预制构件应按标准图或者设计的要求吊装；起吊时绳索与构件水平面的夹角不宜小于60°，不应小于45°，否则应采用吊架或者经验算确定。

（6）预制构件安装应通过"慢起、稳升、缓放"的操作方式，应避免小车由外向内水平靠放的作业方式和猛放及急刹等现象。预制外墙板就位宜采用由上而下插入式安装形式，保证构件平稳放置。

（7）预制构件吊装校正，可通过"起吊—就位—初步校正—精细调整"的作业方式，充分利用和发挥垂直吊运工效，使吊装工期缩短。

（8）预制构件吊装前应进行试吊，吊钩和限位装置的距离不应小于1 m。起吊应依次逐级增加速度，不应越档操作。当构件吊装下降时，构件根部应系好揽风绳控制构件转动，确保构件就位平稳。

（9）外挂预制墙板安装前应检查并复核连接预埋件的数量、位置、尺寸以及标高，并避免后浇筑填充梁内的预留钢筋和预制外墙板埋件螺栓相碰。

（10）外挂预制墙板吊装应先将楼层内埋件和螺栓连接并固定之后，再起吊预制外墙板，预制外墙板上的埋件、螺栓与楼层结构形成可靠连接后，再脱钩、松钢丝绳和将吊具卸去。

（11）装配整体式结构的预制外墙板安装时，和楼层应有安全可靠的临时支撑。与预制外墙板连接的临时调节杆、限位器应在连接节点混凝土强度满足设计要求后方可拆除。

（12）预制叠合楼板、预制阳台板以及预制楼梯需设置支撑时，应经过计算并符合设计要求。支撑体系可采用钢管排架及单顶支撑架或门架式等。支撑体系拆除应符合设计验算或现行国家标准《混凝土结构工程施工质量验收规范》（GB 50204—2015）相关要求。

（13）预制外墙板相邻两板之间的连接，可以采用设置预埋件焊接或者螺栓连接，以控制板与板之间位置。

（14）预制外墙板饰面材料如有损坏，应在安装之前修补与更换，修补饰面材料应采用配套粘结剂等材料。涉及结构安全的损伤，需经设计、施工以及构件制作单位提出处理方案并应符合结构安全和使用功能要求。

第117讲　构件连接

预制构件连接是装配式结构施工的关键工序之一，其施工质量直接影响到整个装配式结构是否能够按设计要求可靠受力。预制构件的连接方式可分为湿式连接和干式连接，其中湿式连接指连接节点或接缝需要支模及浇筑混凝土、砂浆或者灌浆料；而干式连接则指采用焊接、锚栓连接预制构件。传统的预制单层工业厂房中，主要采用的是干式连接方式；而在民用建筑中，则主要采用湿式连接，部分节点也会采用干式连接或者干式与湿式混合的连接方式。

（1）钢构件连接。干式连接主要是焊接或者螺栓的连接，其施工方式与钢结构相似，施工应符合设计要求或国家现行有关钢结构施工标准的规定，并应对外露铁件采取防腐及防火措施。采用焊接连接时，应采取防止已施工完成结构、预制构件开裂和橡胶支座以及镀锌铁件等配件损坏的措施。

（2）钢筋连接。预制构件间钢筋的连接方式主要有焊接、机械连接、搭接及套筒灌浆连接等，其中前3种为常用的连接方式。钢筋套筒灌浆连接是用高强并且快硬的无收缩浆体填充在钢筋与专用套筒连接件之间，浆体凝固硬化之后形成钢筋接头的钢筋连接施工方式。在近年来在新型装配式结构中广泛应用。

（3）现浇混凝土、砂浆或者灌浆料连接。承受内力的连接接缝或者节点处可采用混凝土浇筑，并根据结构受力要求和工程设计经验，采用混凝土强度等级值不低于连接处构件混凝土强度设计等级值的较大值即可，如梁柱节点中柱的混凝土强度比较高，则以混凝土柱的强度为准。若设计计算有具体要求，则连接接缝或者节点处浇筑用混凝土的强度应满足设计要求。连接处混凝土强度达到设计要求之后，方可承受全部设计荷载。

参考文献

[1] 中国建筑材料科学研究总院. 混凝土外加剂（GB 8076-2008）[S]. 北京：中国标准出版社，2009.

[2] 中国建筑科学研究院等. 普通混凝土用砂、石质量及检验方法标准（附条文说明）（JGJ 52 -2006）[S]. 北京：中国建筑工业出版社，2007.

[3] 中国建筑材料科学研究总院.《通用硅酸盐水泥》国家标准第 2 号修改单（GB 175-2007/XG2-2015）[S]. 北京：中国标准出版社，2015.

[4] 中华人民共和国原城乡建设环境保护部. 混凝土质量控制标准（GB 50164-2011）[S]. 北京：中国建筑工业出版社，2012.

[5] 中国建筑科学研究院. 无黏结预应力混凝土结构技术规程（附条文说明）（JGJ 92-2004）[S]. 北京：中国建筑工业出版社，2005.

[6] 中国建筑科学研究院.《混凝土结构工程施工质量验收规范》（GB50204-2015）[S]. 北京：中国建筑工业出版社，2015.

[7] 孟文路. 混凝土结构工程[M]. 北京：中国铁道出版社，2012.

[8] 北京建工培训中心. 混凝土结构工程[M]. 北京：中国建筑工业出版社，2012.

[9] 陈高峰. 混凝土工程施工现场常见问题详解[M]. 北京：知识产权出版社，2013.

[10] 刘津明. 混凝土结构施工技术[M]. 北京：机械工业出版社，2009.